U0927324

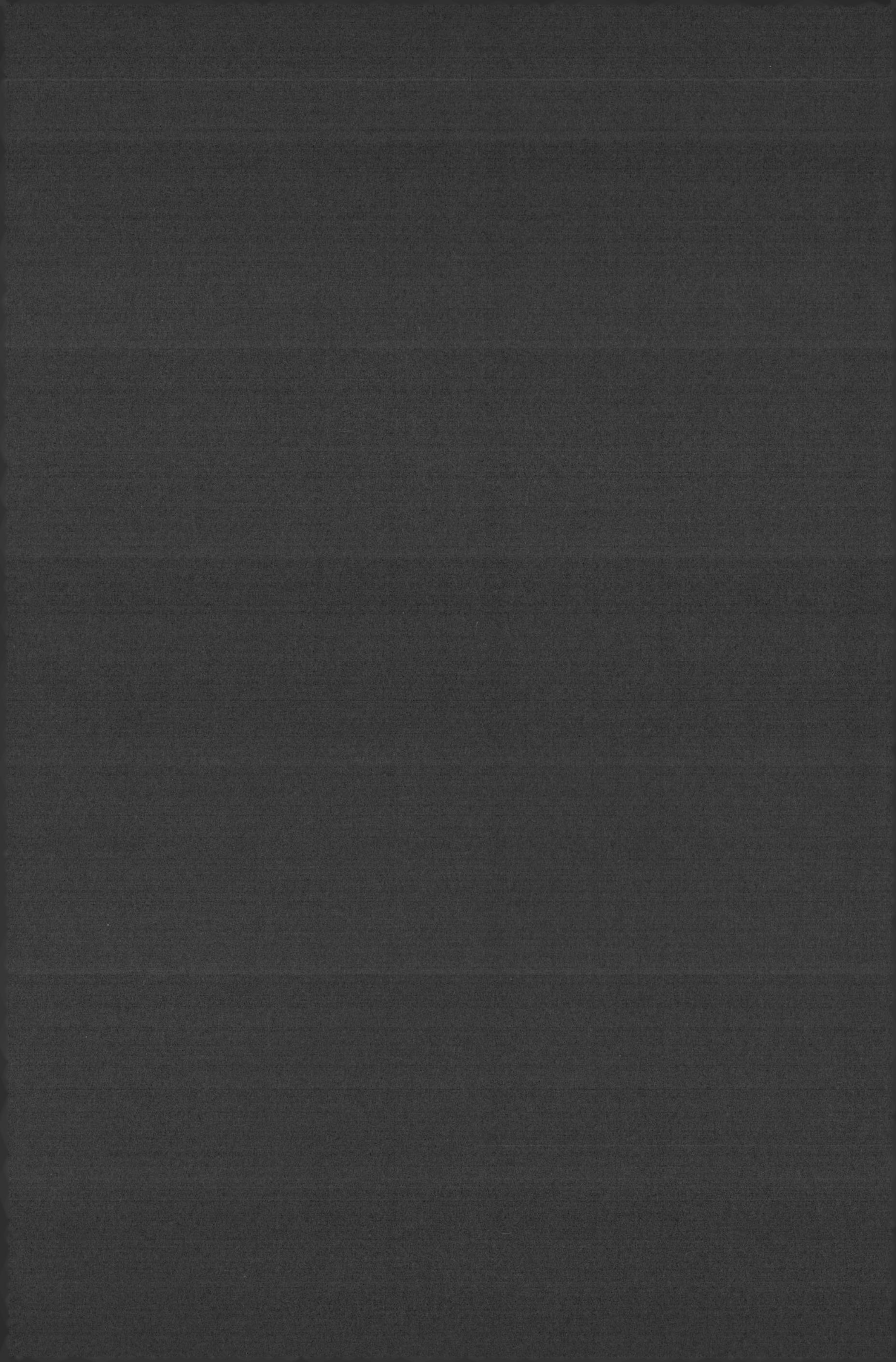

挫折必然定律

经历挫折 才能成长

谢　普◎编著

华龄出版社
HUALING PRESS

责任编辑：薛　治
责任印制：李未圻

图书在版编目（CIP）数据

挫折必然定律：经历挫折才能成长 / 谢普编著 . --北京：华龄出版社，2021.1
ISBN 978-7-5169-1850-0

Ⅰ . ①挫… Ⅱ . ①谢… Ⅲ . ①成功心理—通俗读物 Ⅳ . ① B848.4-49

中国版本图书馆 CIP 数据核字（2021）第 001342 号

书　　名：挫折必然定律：经历挫折才能成长
作　　者：谢　普　编著

出版发行：华龄出版社
地　　址：北京市东城区安定门外大街甲 57 号　**邮　　编：**100011
电　　话：010-58122246　**传　　真：**010-84049572
网　　址：http://www.hualingpress.com

印　　刷：三河市元兴印务有限公司
版　　次：2021 年 4 月第 1 版　2021 年 4 月第 1 次印刷
开　　本：710mm × 1000mm　1/16　**印　　张：**16
字　　数：250 千字
定　　价：39.80 元

目　录

Contents

定律1　自觉心不可无，自卑心不可有

定律2　值得信赖的是爱与理性

定律3　再见冲动，让理性先行

定律4　接纳不一样的人生

定律5　坦然正视的心态

定律6　艺术是精神和物质的奋斗

定律7 正确的目标给人希望

定律8 独特的自己，别样的人生

定律9 乐观心态，充满探知欲望

定律10　命运终究掌握在自己手中

定律11　闭门即是深山，读书随处净土

定律12　把握每一个瞬间，珍惜每一次拥有

定律13 世事无常，不必纠结

定律14 学会选择，懂得取舍

定律 1

自觉心不可无，自卑心不可有

别让情绪、依赖性主宰你的命运

做人做事都要有决断、有主见，凡事依赖别人的人是不成熟的，也是不自信的，只有去除依赖性，做事不盲从，你才能真正成为一个独立自主的人。

德山禅师本是北方讲经说法的大师，因不满南方禅门教外别传的说法，携带着《金刚经青龙疏钞》南来抗辩，才到南方就受到一位老婆婆的奚落，自此收敛起狂傲的心并请教老婆婆，近处有什么宗师可以前去参访？老婆婆告诉他在 5 里外，有一位龙潭禅师，非常了得。

德山禅师到了龙潭，迫不及待地在山门外大声叫道："说什么圣地龙潭，既不见龙，又不见潭！"

崇信禅师在山门内应道："你已到了龙潭！"

德山禅师闻此应声，有所悟。从此，德山禅师随侍龙潭崇信禅师参禅。

一日夜晚，德山禅师站在崇信禅师身旁，久久不去，龙潭禅师说道："时间已经不早，你怎么不回去休息？"

德山禅师向门外走了几步，回头说道："外面天黑！"

龙潭禅师点了一支蜡烛给德山禅师，德山禅师正想用手去接，龙潭禅师一口气又把蜡烛吹灭，德山禅师于此大悟，立刻向龙潭禅师顶礼，良久不起，龙潭禅师便问道："现在一片漆黑，你见到了什么？"

德山禅师说道："弟子心光已亮，从此不再怀疑天下老和尚的舌头了。"

德山禅师悟道后，侍奉龙潭禅师 30 余年，84 岁圆寂。

德山禅师起初不能服膺顿悟的禅道，是因为众生一向对自我的信心不够、肯定不够，而总希望诸圣加被，渐渐觉悟。他以为不见龙不见潭，就不是龙潭，但崇信禅师告诉他，已到了龙潭，这便是给他一个当下即是的感受。崇信禅师又把烛火吹熄，这也说明了不可依赖别人，一切要靠自己，德山禅师终于顿悟，即刻表明心迹，驱除了依赖性，所谓心灯亮了。

体悟生活之道相同，生活中我们也应该去掉依赖性，懂得凡事靠自己。

依赖性强的人往往没有主见，缺乏自信，总觉得自己能力不足，甘愿置身于从属地位。遇到事情总想依赖父母、师长、朋友或权威，总希望他们能为自己做出决定，不敢独立负责。一旦失去了可以依赖的人，他们常常感到不知所措，甚至连最基本的生活问题都不能自理。

尤其是现在的孩子总处处依赖父母，衣食住行全由父母打理，读大学了连衣服都不会洗，毕业找工作也是父母托人拉关系，如果哪一天父母离去，他的生活能力真令人担忧！其实，人的独立性是可以培养的，这一点我们应该向鸟类学习。

小鸟的翅膀刚刚长成，刚学会飞行的时候，就被它们的父母赶出了“家门”。当小鸟眷恋温暖的窝巢，不愿离去时，父母们就不顾亲情，硬是把小鸟逐走才肯罢休。

其实小鸟在刚出壳的时候，鸟爸爸鸟妈妈对小鸟也是如获至宝，轮流守护，轮流觅食，爱子之情与人类并无差别。然而当小鸟翅膀上的羽毛渐渐丰满时，父母们却“狠心”地将它们赶出家门。这在人类看来似乎有点不近情理，但正是这种“不近情理”使小鸟们掌握了生存的本领，使它们在物竞天择的环境中拥有了自己的“一席之地”。

培养小鸟们的独立性，使它们离开父母的羽翼也能够生存，这才是鸟爸爸鸟妈妈对孩子一种真正有智慧的爱。

去除依赖性的一个重要表现是坚持自己的主张，不去盲从别人，在独立自主中体现个人价值。

美国人曾经必须靠个人的决断来求取生存。那些驾着马车向西部开发的拓荒者，遇到事情时并没有机会找专家来帮忙解决问题。不管是遇到紧急情况或任何危机，他们都只能依靠自己。

印第安人来攻击的时候，当时没有警察，他们只能依靠自己的智慧和力量来逃过劫难；要想安顿家庭，没有建筑公司，完全得靠自己的双手；生病时，没有医生，他们便依靠常识或家庭秘方；想要食物，更是靠自己去耕种或猎捕。这些人，每当遇到生活上的各种问题，都得立即下判断，做决定。事实上，他们也一直做得很好。

现在人们生活在一个充满专家的时代。由于人们在日常生活中，已十分习惯于依赖这些专家权威性的看法，所以便逐渐丧失了对自己的信心，以至于不能对许多事情提出自己的意见或坚持信念。这些专家之所以取代了人们的社会地位，是因为是人们让他们这么做的。

有许多小儿科医生会告诉父母如何喂养、抚育和照顾孩子，也有许多幼儿心理学家告诉父母如何教育子女。

经商时，有许多专家会告诉你如何使生意成交；在政治上，人们投票很少是因为个人的选择，大部分人是盲从某些特定团体的意见；就是人们的私生活，有时也要受某些专家意见的影响。很多人都没有想到，其实自己就是世界上最伟大的专家。

没有独立的思维方法、生活能力和自己的主见，那么，生活、事业就无从谈起。众人观点各异，欲听也无所适从。只有把别人的话当参考，按照自己的主张走，一切才能处之泰然。

从改变心态开始

“少壮不努力，老大徒伤悲。”这句汉乐府《长歌行》中的诗句传诵了两千多年。在今天，我们已不知道这位佚名的诗人在写下这句诗的时候，是否也在悔恨自己的一生，但是可以肯定，千百年来有很多人，在他们白发苍苍，读这句诗的时候，都会为之深深震撼。

从前，有个流浪艺人，虽然才四十几岁，但是骨瘦如柴，形容枯槁，医生诊断是肝癌晚期。临终前，他把年仅 16 岁的独子找来，叮咛着：“你要好好读书，不要像我少壮不努力，老来没成就。我年轻时好勇斗狠，日夜颠倒，烟酒都来，正值壮年就得了绝症。你要谨记在心，不要再走我的路。我没读什么书，没什么大道理可以教你，但你要记住‘少壮不努力，老大徒伤悲’这句话，不要再走我的老路了。”

说完，他咽下最后一口气，16 岁的儿子却懵懵懂懂地站立一旁。

长大后，他儿子也混迹酒家、赌场。有一次与客人起了冲突，因出手过重而闹出人命，被捕坐牢。出狱后，物是人非，他发觉不能再走老路，但是却无一技之长，无法找个正当的工作，只好下定决心，回到乡下，靠做一些杂工维生。

由于年轻时无法体会父亲交代的遗言，耽误终身大事，他年近半百才成婚。随着年事渐长，他逐渐体会到了父亲临终交代的话，但似乎为时已晚。体力一天不如一天，面对着无法撑持的家，他心里有着无限的忏悔与悲伤。

有个夜晚，他喝点酒，带着酒意，把 16 岁的儿子叫到跟前。他先是一愣，这不就是当年 16 岁的我啊！父亲临终前交代遗言的景象在脑海中显现，他有些自责地喃喃自语：“我怎么没把那句话听进去啊？”

说着，眼泪直滴脸颊。儿子站在面前，懂事地安慰着：“爸爸，您喝醉了，早点休息吧！”

“我没有醉，我要把你爷爷交代我的话告诉你，你要牢牢记住。”

“爸爸，什么话这么慎重呀！”

“当年你爷爷临终时交代我再也不能因为‘少壮不努力，老大徒伤悲’了，我没听进去，也没听懂。结果我费尽一生才体会出这一句话的道理，但为时已晚。”

“这句话不是人人都知道吗？”

“是啊。但是，并不是每个人都知道要从年轻时就努力奋发向上。一定要年轻时就学好，不然老了就像我一样一无是处。你一定要认真对待这句话。希望你好好做人，将来儿孙都能成才，不必再把这句话当遗言交代了。”

“少壮不努力，老大徒伤悲”这句话人人都知道，甚至有时候还熟得让人生厌。尽管长辈们一再提起，我们却并没有谨记，没有真正懂得它的寓意，甚至于听而不闻，直到老来才悔恨不已。

如今还不知道有多少人在自以为是地游手好闲漫步街头，口里喊着“我年轻，我怕谁？”但是人生又有多少“少壮”呢？一个人的青春不过是短短的三十载，走到今天或许是四十载，但却有二十年交给成长，人生只有短短十年的奋斗。如果能在十年中磨成了剑，我们就有亮剑的机会。如果还是一味地虚度年华，我们或许连磨剑的机会都没有。岳飞在《满江红》里告诉我们：“三十功名尘与土，八千里路云和月。莫等闲、白了少年头，空悲切。”所以我们不能再走“少壮不努力，老大徒伤悲”的老路了。

不要沉浸于悔恨的世界里

“我本来可以抓住那次机会的，为什么我当初这么傻呢？”“如果我那时拉着她的手不放，我们就不会分开，为什么我当时这么笨呢？”……或许是因为“一失足成千古恨”的缘故，或许是因为“早知如此，何必当初”的劝告，我们总是在悔不当初中让时间、机会从身边走过，而自己却毫无知觉。等到苏醒过来的时候，原来自己错失的不仅仅是月亮，而且还错失了星星，又为自己错失星星而自怨自艾。致使走到人生的终点时，有人发现，自己一直活在后悔的轮回里。

保尔告诉过我们：“人最宝贵的东西是生命，生命属于人只有一次，一个人的生命是应该这样度过的：当他回首往事时，他不会因为虚度年华而悔恨，也不会因为碌碌无为而羞耻。”但是我们却总是在悔恨中虚度年华，致使我们在回首往事时只能在悔恨中。

一个年轻人，因为贫穷没有读多少书，他来到城里，想找一份工作。发现城里没有一个人看得起他，他为自己贫穷没有钱上学而变得郁郁寡欢，后悔来到这座城市，想要离开这里。就在年轻人决定离开城市时，忽然想到给当时有名的银行家罗斯写一封信。他在信中抱怨命运的不公，希望能借一些钱给他，他会先去上学，然后找一份好的工作。

很多天过去了，就在他把行李打包好，准备无望地离开时，收到了罗斯的回信。银行家在信中并没有对他表示同情，而是给他讲了一个故事。

在浩瀚的海洋里生活着很多鱼，它们都有鱼鳔，唯独鲨鱼没有。没有鱼鳔的鲨鱼按照常理来说是不可能活下去的。因为它行动极为不便，很容易沉入水底，在海洋里只要一停下来就有可能丧生。为了生存，鲨鱼只能不停地游动，很多年后，鲨鱼拥有了强健的体魄，成了同类中最凶猛的鱼。最后，罗斯说，这个城市就是一个浩瀚的海洋，拥有文凭的人很多，但成功的人很少。你现在就是一条没有鱼鳔的鱼……

那晚，他躺在床上久久不能入睡，一直在想着罗斯的信。突然，他改变了决定。第二天，他跟旅馆的老板说，只要给一碗饭，他可以留下来当服务生，一分钱工资都不要。旅馆老板不相信世界上有这么便宜的劳动力，很高兴地留下了他。10年后，他凭着自己的努力，拥有了令全美国都羡慕的财富，并且娶了银行家罗斯的女儿。他就是石油大王哈特。

很多时候，阻止我们前进的不是贫穷，而是自怨自艾的心。德国作家拉布吕耶尔说过："当我们为一去不复返的青春叹息时，我们应该考虑将来的衰老，不要到那时再为没有珍惜壮年而悔恨。"我们不能活在悔恨里，应该为自己明天的不悔恨而努力珍惜今天。

罗杰走下码头，看见一些人在钓鱼。出于好奇，他走近去看当地有什么鱼，好家伙，看到的是满满一桶鱼。

那只桶是一位老人的，他面无表情地从水中拉起线，摘下鱼，丢到桶里，又把线抛回水里。他的动作更像一个工厂里的工人，而不像一个垂钓者在揣摩钓钩周围是否有鱼。他知道鱼会来的。

罗杰发现，不远的地方还有七个人在钓鱼，老人每从水中拉上一条鱼，他们就大声抱怨一阵，抱怨自己仍然举着一根空竿。这样持续了半小时。老人猛地拉线、收线，七个人嘟嘟囔囔地看他摘鱼，又把线抛回去。这段时间其他人没有一个钓上过鱼，尽管他们只在距老头儿十几米远的地方。

这是怎么回事儿？罗杰走近一步想看个究竟。原来那些人都在甩锚钩儿（甩锚钩儿是指人们用一套带坠儿的钩儿沉到水里猛地拉起，希望凑巧挂住一群游过去的小鱼中的一条）。这七个人都拼命地在栈桥下面挥舞着胳臂，试图钓起一条鱼。而那位老头儿只是把钩沉下去，等一会儿，感到线往下一拖，然后猛拉线，当然，他有鱼钓上来了。

老头儿收获了鱼，而他百发百中的秘密：只是在钩子上方用一点诱饵而已。他一把线放下去，鱼就会咬饵食，他会感觉线动，然后再把鱼钩从密密的一群鱼当中一拉，有啦！

为什么那七个人一直都是举着一根空竿呢？因为他们总是在埋怨自己为什么跟那位老人一样举竿，却是两种截然不同的结果。我们也常常像这七人一样，干的跟别人一样多，挣的却比别人少，然后就埋怨老板，埋怨自己。其中的原因就是：虽然我们举竿的频率一样，但方法不一样。

敢于走出人生的舒适区

好逸恶劳是人的天性，当我们熟悉一种状态时，往往就想安于现状，不愿意再多吃点苦，不甘心再多受点折磨。不可否认，这种活法会让人过得比较轻松，可长此以往，我们就会沦为平庸，终其一生都不可能看到那个闪耀夺目的自己。

有一条河流从遥远的高山上流下来，经过了很多个村庄与森林，最后它来到了一个沙漠。它想："我已经越过了重重的障碍，这次应该也可以越过这个沙漠！"

可以，当它决定越过这个沙漠的时候，河水却渐渐消失在泥沙当中，它试了一次又一次，总是徒劳无功，于是它灰心了，颓丧地自言自语道："也许这就是我的命运了，我永远也到不了传说中那个浩瀚的大海。"

这时候，沙漠低沉的声音响了起来："如果微风可以跨越沙漠，那么河流也可以。"

小河流很不服气地说："那是因为微风可以飞过沙漠，可是我却不行。"

"因为你一直维持原来的状态，所以你永远无法跨越这个沙漠。你必须让微风带着你飞过这个沙漠，到达你的目的地。只要你愿意，你可以放弃你现在的样子，让自己蒸发到微风中。"沙漠继续说道。

小河流惊恐地说："放弃我现在的样子，蒸发到微风中？不！不！那不是等于自我毁灭吗？"

"微风可以把水汽包含在它之中，然后飘过沙漠，到了适当的地点，它就把这些水汽释放出来，于是就变成了雨水，这些雨水又会形成河流，继续向前进。"沙漠耐心地回答。

“那我还是原来的河流吗？”小河流问。

“可以说是，也可以说不是。”沙漠回答，“不管你是一条河流还是看不见的水蒸气，你的本质不会改变。你之所以坚信自己是一条河流，是因为你从来不知道自己的本质。”

此时小河流的心中，隐隐约约地想起：自己在变成河流之前，似乎也是由微风带着，飞到内陆某座高山的半山腰，然后变成雨水落下，才汇成今日的河流。于是，小河流化成水蒸气，投入到微风的怀抱之中，奔向它生命中的归宿。

不要害怕吃苦，也不要害怕挑战，人生不可能处处都是康庄大道，我们总会遇到各种困难、阻碍和挫折，此时，退缩、软弱和安于现状只会不断消耗我们本就不够鲜活的生命力，唯有勇敢地走出自己的舒适区，想方设法跨越生命中的障碍，我们才能像故事中的小河流一样，从雨水变成河流，又从河流变成汪洋大海。

而所谓的“舒适区”，指的是一个人所表现的心理状态和习惯性的行为模式，人会在这种状态或模式中感到舒适。舒适区，又称为心理舒适区。在这个区域里，每个人都会觉得舒服、放松、稳定、能够掌控、很有安全感。而一旦走出这个区域，人们就会感到焦虑、恐慌、别扭、不舒服、不习惯。

有这样一个故事。

有一家公司的主管，在一次培训课上，用一幅图诠释了一个人生寓意。

他首先在黑板上画了一幅图：在一个圆圈中间站着一个人。接着，他在圆圈的里面加上了一座房子、一辆汽车、一些朋友。

主管说：“这是你的舒服区。这个圆圈里面的东西对你至关重要：你的住房、你的家庭、你的朋友，还有你的工作。在这个圆圈里头，人们会觉得自在、安全，远离危险或争端。现在，谁能告诉我，当你跨出这个圈子后，会发生什么？”

教室里顿时鸦雀无声，一位积极的学员打破沉默：“会害怕。”

另一位说：“会出错。”

还有一位说：“会吃苦。”

这时，主管微笑着说：“当你犯错误了，其结果是什么呢？”

最初回答问题的那名学员大声答道：“我会从中学到东西。”

主管说：“正是，你会从错误中学到东西。当你离开舒服区以后，你学到了你以前不知道的东西，你增加了自己的见识，所以你进步了。”

主管再次转向黑板，在原来那个圈子之外画了个更大的圆圈，还加上些新的东西，如更多的朋友、一座更大的房子，等等。

“如果你老是在自己的舒服区里头打转，你就永远无法扩大你的视野，永远无法学到新的东西。只有当你跨出舒服区以后，你才能使自己人生的圆圈变大，你才能把自己塑造成一个更优秀的人。”主管说道。

是的，我们每个人的人生就好比一个圆圈，在这个圆圈里，我们有着属于自己的固定的舒适区。如果我们害怕出错、吃苦、遭罪，不愿意走出这个舒适区，那我们就会变成井底之蛙；反之，如果我们能够勇敢地走出自己的舒适区，那便能开阔视野，增长见识，提高自己的创造力，让自己迅速成长起来。

美国著名的大提琴家麦特·海默维茨 15 岁时，与以色列爱乐乐团演出了他的第一场音乐会，立即造成轰动，受到各阶层人士的注意。在他 16 岁时，就获得了艾弗里费瑟职业金奖。著名的德国唱片公司还跟他签了独家发行其唱片的合约。之后，他更多次获得唱片大奖、金音叉奖等著名大奖。

然而就在海默维茨声名大噪的时候，这位大提琴神童却突然消失了四年，几乎让人们把他的名字给淡忘了。

原来他去哈佛大学进修了。他做了一篇以贝多芬《第二大提琴奏鸣 102 号》为课题的毕业论文，并赢得了哈佛大学的最佳论文奖。

法国著名的文学家蒙田说：“谁害怕受苦，谁就已经因为害怕而在受苦了。”没错，年轻就是要吃苦，伟大都是磨出来的，而吃苦的第一步就是要走出自己的舒适区，寻求舒适区外的“最优发展区”，以适度的紧张和焦虑获得最佳表现，就像海默维茨一样，不断地挑战自己，超越自己，最后成就一个卓越的自己。

别让自卑毁你一生

许多人谈论某位企业家、世界冠军、著名电影明星时，总是赞不绝口，羡慕他们的成功与非凡的能力。可是一想到自己，便一声长叹："我不是成才的料！"他们认为自己没有出息，不会有出人头地的机会。理由是："生来比别人笨""没有高级文凭""没有好的运气""缺乏可依赖的社会关系""没有资金"等。这些都是自轻自贱的表现。有人这样比喻过：自卑的人就像一棵含羞草，一点凌厉的目光，一点讥讽的语言都将使他们萎蔫，泯灭追求。

自卑可以使本该成功的事业衰败，使本该美丽的青春之花凋谢，使本该幸福的生活被摧毁。自卑情绪就像心底的一只传播疾病的动物，无时不在心头晃动，不时地在我们的生活中留下它咬啮的伤痕。一个人若是被不良的心态左右，人生的航船就有可能驶入河沟浅滩，失去发展的机会。自卑就是自毁。

在一次火灾中，消防队员从废墟中救出了一对孪生兄弟——国梁和家梁。他们是此次火灾中幸存的两个人。

兄弟俩在这次火灾中都被烧得面目全非。弟弟家梁整天对着医生唉声叹气，认为自己的样子怪，没法继续生存下去。他的口头禅就是："与其赖活着，还不如死了算了。"哥哥努力地劝弟弟说："这次大火只有我们得救了，因此我们的生命尤为珍贵，我们的生活会更有意义，勇敢活下去，我们一定会过得很好。"

兄弟俩出院后，弟弟还是忍受不了别人的讥讽，于是在一天晚上偷偷地服了安眠药离开了人世。哥哥国梁坚强地生存下来，无论遇到什么冷嘲热讽，他都咬紧牙关挺了过来，他每次都暗自提醒自己：“我生命的价值比谁都高贵，大难不死必有后福。”

有一天，国梁在雨中看到不远处的一座桥上站着一个人，那个人要自杀，国梁救了他，并严厉地告诫他不珍惜自己的生命是可耻的，为了让那个人不再悲观厌世，他把自己的经历告诉了他，让他重拾活下去的勇气。

没想到国梁救的这个人是一位亿万富翁，这个富翁很感激国梁，并且觉得国梁很有抱负，是个能做大事的人，于是就和他一起干事业。

自卑是麻醉药，会麻醉我们对未来追求的知觉，自卑是成功的剧毒品，只会毒杀我们对成功的追求。一个人自轻自贱很简单，只是一念间的事。但一个人走出自卑也很简单，只要能够正确地认识自己。

正确认识自己，就是要正确地与别人比较，每个人都有优缺点，这方面不行，那方面说不定就比别人强。美国总统林肯相貌丑陋，不也受到了人民的尊敬和爱戴吗？海伦出生后不久就严重残疾，不也在文学上取得举世瞩目的成绩吗？米契尔在严重烧伤和双腿瘫痪后，不也照样开飞机、办公司吗？一切的成败都在于自己的思想，条件最多也就是使成功难些或易些。

有一个美国医生，他以善做面部整形手术闻名。他创造了许多奇迹，把许多丑陋的人变成漂亮的人。他发现某些接受手术的人，虽然手术很成功，但仍找他抱怨，说他们在手术后还是不漂亮，说手术没什么成效，他们自感面貌依旧。

于是，医生悟到一条道理：美与丑，并不在于一个人的面貌如何，而在于他如何看待自己。

如果一个人自以为是美的，他真的就会变美，如果总嘀咕自己是个丑八怪，他果真就会尖嘴猴腮，生出一脸傻相。

一个人如自惭形秽，那他就不会变成一个美人。同样，如果他不觉得自己聪明，那他就成不了聪明人；他不觉得自己心地善良，即使在心底隐隐地有此种感觉，那他也成不了善良的人。

三流的化妆是脸上的化妆，二流的化妆是心灵的化妆，一流的化妆是生命的化妆。记得纪伯伦在《认识自己》中写过一个叫塞艾姆的人，自信地认识自己的缺点："我的耳朵太长，可谓与兽耳半斤八两，不过塞万提斯的招风耳也是这般模样；我的颧骨隆耸，面颊凹陷，有拉法叶特和林肯与我为伴；我那后缩的下颌与威廉·皮特和歌德斯密不分轩轾；我那一高一低的双肩，可以从甘必大那儿寻得渊源；我的手掌肥厚，手指粗短，大天文学家爱丁顿也是这般。不错，我的身体是有缺陷，但要注意，这是伟大思想家们的共同特点。"所以我们也应该像塞艾姆一样睿智地认识自我，把伟人们的共同点植根自己的心灵深处，激励自己去干伟大的事业，这样必能成就一番大事业。

定律 2

值得信赖的是爱与理性

你若安好，便是晴天

在美国普林斯顿大学任教的华裔科学家钱卓，曾经做过这样一个有趣的实验，他在一些老鼠体内注入 NR2B 基因后，惊奇地发现这些转基因老鼠的智商要比普通老鼠高，尤其是在学习和记忆力方面，普通老鼠更是难以望其项背。

这是怎么一回事呢？因为 NR2B 基因能控制老鼠体内的一种叫 NMDA 的受体，让它激活老鼠的神经，从而帮助学习和记忆，让老鼠变得更加聪明。

实验成功之后，很多人都在大胆地设想，假如将这个研究成果运用到人身上，那这个世界上就再也不会有愚笨的人了，每个人的学习能力和记忆力也必将上升到一个更高的台阶。

这是多么振奋人心的一件事啊！每一个人都希望自己是一个天才，拥有众人羡慕的聪明和智慧，因为只有这样，我们才能在激烈的竞争中占据着优势地位，比普通人更容易获得更高的社会地位以及更多的名利财富。

可是，众人的天才美梦最终还是竹篮打水一场空，科学家钱卓的这一研究成果并没有得到推广。因为实验人员后来发现，一个人要是太聪明、太敏感，往往会变得吹毛求疵，不仅看不惯现实生活中一切有瑕疵的东西，还会不自觉地把这种痛苦放在放大镜下面，让自己饱受敏感带来的折磨。

为什么会得出这样一个结论呢？原来，实验室里的研究人员，分别在“转基因老鼠”和普通老鼠的爪子里注射了同等剂量的甲醛溶液。这些甲醛溶液会让老鼠的爪子产生慢性疼痛，为了缓解疼痛，老鼠们肯定会不自觉地去舔自己的爪子，对疼痛更加敏感的老鼠，舔爪子的次数一定是其中最多的。

在头一个小时里，“转基因老鼠”和普通老鼠舔爪子的次数都不相上下，这说明两种老鼠对疼痛的感觉程度别无二致。可是随着时间的延长，“转基因老鼠”舔爪子的次数逐渐多了起来，而普通老鼠舔爪子的次数却越来越少，可见它早已对爪子的疼痛麻木了。

从这次实验中，我们可以看出，“转基因老鼠”虽然要比普通老鼠聪明和敏感，但它们对慢性疼痛的适应能力显然要比普通老鼠差多了。为此，科学家钱卓的研究成果无法在人身上得到推广，因为研究人员不愿意看到人们终日活在痛苦的感觉里，煎熬度日。

对疼痛太过于敏感的人，心理承受能力一般都非常的差，他们很容易受到别人言语和行为的影响。任何人的一举一动，都难逃他们的法眼，有时候，仅仅是一句不中听的话，或是一个不友善的表情，都会让他们难受好几个小时，甚至一整天都不对劲。遇到一点点不顺心的倒霉事，他们就会方寸大乱，抱怨不止，给自己增添不必要的心理负担，最终让自个儿活得沉重又疲惫。

黄晶晶大学毕业之后，就在一家图书策划公司工作。由于缺乏相关的经验，她在工作中总是差错不断，因此，有时候，公司的领导和同事难免会批评她几句。

可是黄晶晶为人十分敏感，尤其听不得别人批评她的话，领导因为工作上的事，稍微指责了她几句，她就立马眼泪汪汪，神情沮丧。公司同事要是和她意见相左，言语措辞重了一点，她都要和对方展开一场激辩，还击能力十足。

有一次，同事向兰无意中说了一句：“晶晶，你的这件上衣和裤子的颜色好像有点不搭啊，下次不要这么穿了，一点都不好看！”没想到，这一下又戳中了黄晶晶敏感的心，她飞快地从座位上弹起来，语气强硬地说道：“你以为你的穿衣品味有多好啊，我这么搭配怎么了，碍着你什么事了啊？”

同事向兰顿时傻了眼，一时间也不知道该怎么去回应，她自己也就是随口一说，并没有任何恶意，没想到这也会刺激到黄晶晶。

从这之后，向兰再也不敢和黄晶晶说话了，其他的同事也对她唯恐避之不及。黄晶晶在同事们的排斥孤立中，也越来越不快乐，没过多久，她就辞职了。

做人实在不能像黄晶晶那样敏感，拿着放大镜去看公司领导和同事对自己的批评，此举无疑是在自己的伤口上撒盐，除了更痛一点，再无其他。把复杂的事情弄得简单一点，能让我们感到轻松快乐，但是把简单的事情弄复杂了，这就无异于作茧自缚，徒添烦恼了。

所以，依我看，为人处事还是粗线条一点比较好，如此，当我们遇到不如意之事时，才不会像个傻子一样，被内心的敏感牵着鼻子走，走到痛苦绝望的死胡同，白白受罪。

没有计策，只有谋略

生活在这个急速发展的社会，浮躁几乎成了很多年轻人的通病。做事情三分钟热度，兴趣消退后，急着寻找下一个目标，不断地尝试，最后一无所成。老子曾说：“天下大事必作于细，天下难事必作于易。”在学习和工作中，我们首先要面对的是一些细小的、琐碎的事情，这些事情不是一朝一夕就能看出结果的，也无法给我们带来很大的成就感，它考验的是我们的意志和信念。

有这样两个同学，他们都是学日语专业的，分别是小A和小B，刚开始的时候，都很努力。小A报的培训班，每天下班后坚持参加晚上的课程。小B认为语言可以自学，下班回来后，自己看书听录音。坚持了一段时间，小B很快就放弃了，她发现日语比她想象中难学，于是改学韩语。小A也意识到日语可能并不实用，但是她想来想去还是坚持学下去。结果大家都能猜到，最后小A考过了日语1级，而小B，最终也放弃了学韩语，改学了法语。实际上，像小B这样的人有很多，他们在坚持了一段时间后，心里不确定自己这样做的意义，开始为自己找借口“这个太难了”“坚持下去也不会有结果的”。古人说“夫夷以近则游者众，险以远则至者少”，是同一个道理，心浮气躁只会让我们走向平庸。

不知从什么时候开始，时间就是金钱的观点进入了我们的生活。我们赶着学习，赶着工作，赶着晋升，赶着买房买车。我们总是很忙，却不知道自己究竟在忙些什么。其实，说到底，是大家太急躁，不够踏实。

学历史的人都知道，汉景帝时期有一个叫晁错的政治家。他极力主张中央削藩，达到集权的格局。汉景帝说，现在中央尚不稳定，削藩可能导致内战。晁错回答："今削之亦反，不削亦反。削之，其反亟，祸小；不削之，其反迟，祸大。"既然削也反，不削也反，汉景帝想，那就削吧！结果引起"七国之乱"。汉景帝又问，现在爆发七国之乱了，你有什么对策吗？晁错回答："臣未料及此。"我没有想到会这样啊。最后为了平定战乱，景帝只能把晁错腰斩于市。苏轼评价他："世之君子，欲求非常之功，则无务为自全之计。"晁错一心想要建功立业，却没有想到万全的计策，以至于害死自己和家人。一个当朝参谋，没有做任何规划和调查，只凭自己的臆想行事，甚至在发生突然状况时，只会说"臣未料及此"，怎么能辅佐君王呢？而晁错急于建立功名，太过浮躁，有勇无谋的个性，也致使自己走向了绝路。

俗话说："心急吃不了热豆腐"。越想成功的人越容易失败，很多人在追求梦想的时候，只关注到大局方向，忽视细节，盲目地坚信"车到山前必有路，船到桥头自然直"。尤其当下社会流行的"一夜成名""一夜暴富""一步登天"思想，严重冲击了大众的价值观。每个人都想成为上帝挑中的"幸运儿"，然而机会只留给有准备的人。

抛开社会学，单从心理学的角度来说，为什么我们会心浮气躁呢？本文总结为以下四点：

首先，自我定位不准确。大家经常听到，某某今年晋升处长了；某某在公司表现很好，老总准备送他出国深造；某某在北京开画展了；等等。对自尊心强，好面子的人来说，这样的消息无非是给他们严重的一击。人们总是容易形成一种错误的心态，即以别人的成功来定义自己的失败，这种心态让我们更加否定自己。其实，尺有所短，寸有所长，我们应该承认周围优秀的人成千上万，并在这成千上万的人中给自己一个清晰的地位。

其次，狭隘的心理。在朋友圈中，总有人业绩比你好，总有人婚姻比你美满，总有人比你更会为人处世。你似乎是最 low 的那个，你不甘心，参加培训班提高自己的语言能力，与爱人各种秀亲密秀恩爱，准时出入朋友同学聚会，你觉得只要自己努力一定可以超过别人。然而，你发现并不是所有人都买你的单，你的付出与收获没有成正比，你很失落。这就是一种狭隘心理。我们生活在一个自己很熟悉的圈子里，通过圈子里的认可来获得存在感，好比井底之蛙，世界只有井口那么大。要改变这种心态，就要跳出狭隘心理，站在圈子外看人，明白自己只是沧海一粟。

再次，急功近利。罗马不是一天修成的，偏偏有人想要在一天内修一座长城，这么急躁，怎么可能踏实做好工作呢？明朝时，有一个地主见邻居修建了三层楼的住宅，于是回家把工人召集起来，说：“我要修三层楼的住宅，你们明天就动工吧。”第二天，地主跑到工地上看，发现工人们在打地基，很不高兴，说：“我只要你们修建三楼，你们打地基干什么？”这种地主心态也常常出现在我们身边，比如找工作，非500强不去，非管理阶层不去，非年薪百万不去。很多人都已经忘记了：“故天将降大任于斯人也，必先苦其心志，劳其筋骨，饿其体肤，空乏其身，行拂乱其所为。”

最后，修为不够。修为是佛教的说法，指一个人的修养、素质和能力。在苏轼与佛陀的故事中，苏轼看佛陀是一坨牛屎，其实是他心里有一坨牛屎，而佛陀看苏轼是一尊佛，恰恰说明佛陀心里有一尊佛。修身养性是一辈子的事，要达到高深的境界必定是一个漫长的过程。当然，人们成年以后都会达到看山不是山，看水不是水的阶段，而在这个阶段，又往往心气浮躁，看不清事情本质。

心浮气躁只不过是膨胀了我们的欲望，并不能给我们带来真正意义上的成功。哲学上讲究自然规律，天地万物皆在规律之中；道家说，天时地利人和；现在，我们常说，是你的终究是你的，不是你的强求不来。所谓欲速则不达，宁静以致远，一个人能改变浮躁的心态，踏踏实实地生活，就是人生的赢家。

心态是你能够完全掌握的东西

当我们伤心难过时，身边总会有人拿这样的话来劝慰我们："不要这么难过，凡事想开一点，很容易就过去了。"道理说起来确实很轻松，可一旦做起来，几乎没多少人能及格，所有的安慰和劝解都仿佛是走个过场，就连安慰劝解者本人，在伤心难过时，也同样想不开、看不透、放不下。

为此，有些人甚至堂而皇之地沉浸在负面的情绪里，久久也不愿走出来。尤其是性格敏感的人，如果有人因此而责备他们，他们总会找理由为自己开脱，随口扔下一句："我性格本来就这样！"三言两语，已经向外界表明自己不愿意做出改变，甚或是自己根本改变不了。

这种对待生活的态度堪称是"自甘堕落"。

假如说，当我们自愿跳下悬崖时，有许许多多的蝴蝶飞过来，很轻松地接住我们极速下坠的身体，那我们当然可以尽情地跳，使劲地跳，丝毫没有性命之虞。可现实是残酷的，没有人能对我们的生命负责，我们所经历的苦楚和艰难，必须要靠自己独自承担和消化。

从这个角度看，想不开、看不透和放不下，完全是对自我生命的双重折磨。每个人的生活都不可能一帆风顺，我们都在自己或短或长的生命征程里经受过风雨的淬炼，这种淬炼原本就是一种折磨，如若我们在"吃苦"后还要惦念着不放，这种举动和反刍痛苦又有何区别？

记得从前看过一个故事。一个老人在高速行驶的火车上，不小心把刚买的新鞋从窗口掉了一只，周围的人都替他感到惋惜。有的人甚至都准备好了一套说辞来安慰他，没有想到的是，老人非但不伤心，还马上把第二只新鞋也从窗口扔了下去，这举动让所有的人都大吃一惊。

有年轻人不解地问道："老人家，您为啥要这么做，这不亏大了吗？"

老人轻描淡写道："这只鞋无论多么昂贵，对我已经没有用了，如果有谁能捡到一双鞋子，说不定他还能穿呢！"

在年轻人的眼里，损失一只鞋子就够让人伤心了，怎么着也得把第二只鞋子抓牢了，不然就太吃亏了。可老人却并不这么看，一只鞋子已经丢失了，自己以后也不可能只穿一只鞋子走路，那另一只鞋子也没有存在的必要了，索性把它扔到窗外，两只鞋子距离不远，兴许捡到的人还能穿。

老人表现出的豁达，一般人都望尘莫及，看过这个故事的人，都会由衷地夸赞老人的"成人之美"之举，可又有谁懂得，老人的"放弃"其实也是在成全他自己呢？紧抓着最后一只鞋子不放手，并不能给老人带来多少快乐和宽慰，反而会让他动不动就"触物伤情"，沉湎于过去的错误而忧愁郁闷。

所谓的"想得开"，无非是将不合自己心意的人或事抛诸脑后，而所谓的"看得透"，则是洞察到敏感多思的情绪于接下来的生活无半点帮助。可以说，每一个从风雨中走出来的人，都先是看得透，继而想得开，最后成功地放下。正如上文故事中的老人，他遇事展现出来的淡定和从容，都得益于这三个步骤，反倒是他周围的那些乘客，情绪大起大落，颇有一番"皇帝不急太监急"的绵长意味。

不过话又说回来，想不开，看不透的人，究其根源还是太过于追求完美。这种人活得非常沉重，外界一点风吹草动，都能在其内心世界掀起腥风血雨，一场激烈的自我斗争后，整个人都快虚脱疲软了。他们做事力求尽善尽美，希望不留下一点遗憾，他们也期盼自己的生活无风也无雨，可世事哪能尽如人愿，我们能做的只有在事情发生之后，及时地止损和善后。

想不开和看不透除了让人在错误的道路上越走越远，根本不能给我们的生活带来一线生机。不信的人可以看看古装电视剧《甄嬛传》中的皇后娘娘，当她还是一个侧福晋时，她不甘心原本属于自己的福晋位置被同父异母的姐姐抢走，于是想尽办法在已有身孕的姐姐的日常三餐里动了手脚，最后害得姐姐纯元香消玉殒。

增强理智感，遇事多思考

一提到“脾气”，许多人都会认为是“脾”之“气”，是与生俱来无法改变的。因此，那些脾气不好的人，大抵是一贯如此，直至老死仍无任何改变。脾气不好的人，最容易冲动。

从前，有个脾气极坏的男孩，到处树敌，人人见到他都唯恐避之不及。男孩也为自己的脾气而苦恼，但他就是控制不住自己。

一天，父亲给了他一包钉子，要求他每发一次脾气，都必须用铁锤在他家后院的栅栏上钉一个钉子。

第一天，小男孩一共在栅栏上钉了 37 个钉子。过了一段时间，由于学会了控制自己的愤怒，小男孩每天在栅栏上钉钉子的数目逐渐减少了。他发现控制自己的脾气比往栅栏上钉钉子更容易，小男孩变得不爱发脾气了。

他把自己的转变告诉了父亲。父亲建议说：“如果你能坚持一整天不发脾气，就从栅栏上拔掉一个钉子。”经过一段时间，小男孩终于把栅栏上所有的钉子都拔掉了。

父亲拉着他的手来到栅栏边，对小男孩说：“儿子，你做得很好。可是，现在你看一看，那些钉子在栅栏上留下了小孔，它们不会消失，栅栏再也不是原来的样子了。当你向别人发脾气之后，你的那些伤人的话就像这些钉子一样，会在别人的心中留下伤痕。你这样就好比用刀子刺向某人的身体，然后再拔出来。无论你说多少次对不起，那伤口都会永远存在。其实，口头对人造成的精神伤害与伤害人们的肉体没什么两样。”

还有一个故事也颇能说明我们的观点。

有位脾气暴躁的弟子向大师请教："我的脾气一向不好，不知您有没有办法帮我改善？"

大师说："好，现在你就把'脾气'取出来给我看看，我检查一下就能帮你改掉。"

弟子说："我身上没有一个叫'脾气'的东西啊。"

大师说："那你就对我发发脾气吧。"

弟子说："不行啊！现在我发不起来。"

"是啊！"大师微笑说，"你现在没办法生气，可见你暴躁的个性不是天生的，既然不是天生的，哪有改不掉的道理呢？"

如果你觉得情绪失控，怒火上升，试着延缓 10 秒钟或数到 10，之后再以你一贯的方式爆发，因为，最初的 10 秒钟往往是最关键的，一旦过了，怒火常常可消弭一半以上。

下一次，试着延缓 1 分钟，之后，不断加长这个时间，1 天、10 天，甚至 1 个月才生一次气。一旦我们能延缓发怒，也就学会了控制。自我控制能力是一个人的内在本质。

记住，虽然把气发出来比闷在肚子里好，但根本没有气才是上上策。不把生气视为理所当然，内心就会有动机去消除它。其具体方法如下：

办法一：降低标准法。经常发脾气可能和你对人对事要求过高或过于苛刻有关，也可能和你喜欢以自我为中心、心胸狭窄不善宽容有关。因此，通过认真反省，改变自己的思维方式和处事习惯，降低要求别人的尺度，学会理解和宽容忍让，是改掉坏脾气的根本途径。

办法二：体化转移法。怒气上来时，要克制自己不要对别人发作，同时通过使劲咬牙、握拳、击掌心等动作，使情绪转由动作宣泄出来。

办法三：逃离现场法。发火多由特定的情景引起，因此当怒气上来时，培养自己养成条件反射般立即离开现场的习惯，暂时回避一下，待冷静下来再处理事情。

办法四：精神胜利法。一说到精神胜利法，大家可能自然而然地想到阿 Q，并不屑为之。但偶尔精神胜利一下也未尝不可。相传某禅师携弟子外出化缘，途中遇一恶人左右刁难，百般辱骂，禅师不搭理，该人竟穷追数里不肯罢休。禅师面无愠色，和弟子谈笑自如。恶人无奈，只得退后罢休。事后，弟子不解，问禅师："师父你遭此不公平为何不生气，不反击？"师父答道："若你路遇野狗朝你狂吠，你会放下身段与之对吠吗？弄不好惹它咬了你，难道你也去咬它？"禅师面对挑衅与侮辱的态度难道不是一种大智吗？

视之不见，听之不闻

歌曲《雾里看花》里有这样一句话：“借我借我一双慧眼吧，让我把这世界看得清清楚楚、明明白白、真真切切。”

这句歌词的本意是说想用“慧眼”看清楚看明白身边的每一件事每一个人，但我们知道，毕竟金无足赤，人无完人。一味地求真、求全责备，试图把一切都弄得清清楚楚，这真的能给我们带来人际交往的便利和快乐吗？

郑板桥是清代著名的画家，他有一句很有名的话叫“难得糊涂”，在郑板桥看来，“聪明难，糊涂亦难，由聪明转入糊涂更难。放一着，退一步，当下心安，非图后来福报也。”一个人若是懂得适时地揣着明白装糊涂，一定能在纷繁的人际关系中游刃有余，让生活更加轻松愉快，也让身边的人时有欢声笑语。反之，假如我们凡事都太过于较真，总用放大镜去挑别人的刺，容不得他人有半点瑕疵，那么我们迟早会众叛亲离，不得人心，沦为孤家寡人。

这种心态其实就是带着“放大镜”出门，所谓“放大镜”，也就是凡事太过认真，吹毛求疵，听到别人一句简单的话、看到别人一个简单的动作都能立马跳起来。

古语有云：“水至清则无鱼，人至察则无徒。”这句话的意思是，鱼儿没有办法在太清澈的水泽里生存，而一个人若是对他人要求过于苛刻严厉，遇事过于较真死板，也是不会拥有朋友和好人缘的。因此，我们与人交往，应当有一种“厚德载物，雅量容人”的胸襟，待人处事不要苛求完美。有时候装装糊涂，凡事不要表现得那么聪明较真，反而能给我们的生活带来许多便利。

相信很多人都有过这样的感觉：我们早上起床后，总是蹑手蹑脚，说话轻声细气，生怕吵醒了别人；跟朋友出去吃饭，我们总是最早吃完，然后抢着去买单，害怕别人误会我们是故意拖延不想付账；在公共场合，我们不会随地吐痰，也不会乱扔纸屑……敏感之态毕现。

然而，当我们生活在自己设定的生活准则里，总是以一副小心翼翼、谨慎敏感的面貌出现时，我们也会在潜意识里要求朋友和我们一样尽善尽美。在人际交往中，我们会不自觉地拿出高标准、高素质和高觉悟这三把标准大尺衡量朋友，一旦有不符合之处，我们的内心就会自动生出愤懑不满的情绪，这不仅让身边的朋友感觉如履薄冰战战兢兢，也把我们自己困在了一座孤独的城堡里，只会孤芳自赏，成天顾影自怜。

而且，用“放大镜”去看身边的人和事很容易上纲上线，一点芝麻绿豆大的小事儿都可能被无限放大。这一点，身边的一位老朋友余楠曾跟我讲过。

余楠是一个在生活中对自己和他人要求都很高的人，眼里容不得一点细小的瑕疵，对同事如此、对朋友如此、对家人亦然。

有一次，余楠的儿子小健放学回家后，一进卧室，就随手把自己的书包扔在地上，搞得满地都是书本和文具。余楠下班回到家里，推开儿子的卧室，看到满地狼藉，顿时，一股无名火就开始“噼里啪啦”地在她的心里烧起来，她眉头紧蹙，大声地呵斥道：“小健，你又胡闹了！快点把地上的书捡起来！”

正在专心做作业的儿子被她吓了一跳，连忙回头看了她一眼。她再次提醒：“快把书包和掉地上的东西捡起来。”可是小健却全然不顾她的要求，还语出惊人地说道：“妈妈，麻烦你下次注意一点好吗？我正在写作业哪，你这样突然喊，我会分神的！而且，我习惯这样了，做完作业之后，我自己会把它们收拾好的，你不用操心！”

“你还敢振振有词？把房间搞得这么乱，这说明你不爱干净，为人懒散，而且让人看着多难受啊！快点收拾好！”余楠神色不耐烦地命令道。

没想到，儿子对她的话还是置若罔闻，屁股都没挪一下，仍旧嬉皮笑脸地对她说道：“我只是把书包丢在自己的房间里，我也没有不爱干净，你看，我回来就把手洗了！”说完他还伸出了双手。

余楠这下就没声了。

余楠说这件事的时候满是歉意，她对我说，儿子说的那番话的确没错，只是由于她自己太过苛求，总爱把一些小事儿放大。听说，后来她还跟儿子道了歉。

其实，这样的事情在生活中我们经常能够碰到，一个很简单的事情，一句很简单的话，总会有人去无限放大和误解。这便是敏感之人经常做的事情，这就好比是两人约会，男孩子请女孩子吃饭，女孩子说自己不饿，男孩子请女孩子喝茶，女孩子说自己不渴。假若这是一个敏感的男孩，他可能就认为女孩子对他一点兴趣都没有，所以才会屡次拒绝他的提议。但实际上，谁也不能否认这女孩子真的有可能不饿也不渴。

带着放大镜出门，看到的多是别人的毛病，眼里多是别人的瑕疵。生活在这样的环境当中该是有多么的恐怖，所以，还不如像郑板桥先生那样，多糊涂一把，就算看到的东西是模糊的，那也比赤裸裸的“缺点集合”强！

定律 7

再见冲动，让理性先行

冲动是魔鬼

有一对父子，脾气都很犟，凡事都不愿认输，也不肯低头让步。一天，有位朋友来访，所以父亲就叫儿子赶快去市场买些菜回来。

儿子买完菜在回家的途中，却在狭窄巷口与一个人迎面对上，两人竟然互不相让，就这样一直僵持下去。

父亲觉得很奇怪，为什么儿子买个菜去那么久，于是前去察看发生了什么事。当这个父亲见到儿子与另一个人在巷口对峙时，就气愤地对儿子说："你先把菜拿回去，陪客人吃饭，这里让我来跟他耗，咱俩轮班，看谁厉害！"

两辆的士狭路相逢，司机互不相让。

一阵争吵后，一个司机郑重其事打开报纸，靠在椅背上看报。

另一个司机也不甘示弱，大声喊道："喂！等你看完后能否把报纸借给我？"

下雨天，一个年轻人去商店买东西，将伞靠在了门口的墙边，另一个青年进门时不小心将伞碰倒了，于是他说了声"对不起"，但并未把伞扶起来。伞主人就要求他把伞扶起来，碰倒伞的青年说："我已经说对不起了，你自己扶一下吧。"两人就这样僵持了好久。

想解开打结的丝线时，是不能用力去拉的，因为你越用力去拉，纠缠在一起的丝线必定会缠绕得越紧。人与人的交往也一样，很多人只看到对方的错，并坚持要"以眼还眼，以牙还牙"，结果误会加深、矛盾加剧，最后闹得个两败俱伤。就像上述故事中的几个主人公，我们一定会在心里说：他们真傻，何苦呢？然而，他们本身的智商并不一定低，他们之所以突然变得"真傻"，是因为一时的冲动。

再回过头来反躬自省，我们又何尝没有过一些类似愚蠢的冲动呢?

有一句流行很广的话，叫“冲动是魔鬼”。无数个令人扼腕叹息的悲剧一再向人们诠释了这句话，我们自己也多少有些亲身体会。冲动后果惨痛，而且其惨痛指数与冲动指数基本成正比。

冲动的人，缺乏理智。出身于贫苦家庭的马加爵好不容易考上大学，他的智商不低于常人。经历了那么多的苦难，他终于迈进大学的校门，看到了曙光，却因为一件小事而锤杀四名同窗。违法乱纪，伤害无辜，毁了家人的幸福，葬送了自己的一生……

为什么一个人冲动起来，会做出一些在正常情况下难以想象的荒唐事?医学专家认为：人在冲动时，体内的各个脏器与组织极度兴奋，会消耗血液中的大量氧气，造成大脑缺氧，为了补充大脑所需要的氧气，大量血液涌向大脑，使脑血管的压力激增。在大脑缺氧以及脑血管压力剧增的情形下，人的思维会变得简单粗暴。心理学家则认为：当一个人冲动时，全部的注意力都集中在导致他冲动的这一件事情上，对于其他的诸如后果之类的问题根本就没有时间去考虑。

冲动过后，有改变就好

冲动的人是在和魔鬼做一笔非常不划算的交易。在交易前，魔鬼告诉你：如果你购买了“冲动”，你就可以做你想做的任何事情，你可以通过冲动，使自己的情绪得到痛快淋漓的发泄。人听到这里，顿时呼吸急促、血压升高，迫不及待地签下契约。冲动过后，魔鬼会再次找上门来——它绝不会爽约。它会高举着契约，契约上面写满了你购买“冲动”所必须支付的成本。这个成本的清单很长，重要的条款如下：

1. 愉快正常的心态

生理学家认为：人的心与人的身组成了生命的整体，二者之间是相互调节与被调节、作用与被作用的关系。心情也就是情绪，情绪的好坏会影响身体的健康。心理医学家认为：对人不信任、心胸狭隘、情绪急躁、爱发脾气，对人的身心健康危害极大。人在冲动、发怒时，会引起精神的过度紧张，造成心脏、胃肠以及内分泌系统功能的失常，时间长了，必然要引起多种疾病，对身心健康大为不利。如麻疹病，多发于大起大落的波动中，偏头疼多数偏爱固执好斗或爱嫉妒的小心眼，癌症、高血压等更不用讲了。我们在各种影视片中，经常看到这样的镜头，某某主人公因受意外刺激，心脏病发作，当场晕倒，立即被送到医院急救。日常生活中也有一些人，由于好冲动、易发怒，最后导致神经衰弱，吃不好饭、睡不好觉，危害了身体健康。

2. 将心比心

情绪容易冲动的人往往脾气比较暴躁，与其他人交往时容易发生矛盾。而引起矛盾的诱因多数是因为一些小事，话不投机半句多，轻者发生争吵，重者拳头相向。试想，一个集体里有那么一两个人经常与周围的人发生摩擦，势必影响一个单位的团结。大家在一个集体里共同生活，都希望有一个和睦相处的环境，更希望得到周围人的尊敬和理解。而个别情绪容易冲动的人往往认为以声压人，以拳服人，就能建立自己的威望。其实刚好相反，如果你情绪容易冲动，动不动就跟周围的人过不去，别人要么联合起来打败你，要么不约而同对你敬而远之。长此以往，不仅得不到周围人的尊敬和理解，而且也会失去真正的朋友，失去友谊，以致感到孤独和寂寞。

这种对于人际关系的伤害，在家庭里则体现于对家人的伤害，造成家庭的不和睦、不和谐。

3. 正确的人生观

一个人行事冲动，给人的感觉是不稳重、不成熟。领导叫你招待客户，你却因为和客户之间的一点小摩擦而和客户大干一场，久而久之，谁还敢交给你重要的职务，交给你重要的工作？美国学者巴达拉克不久前推出了新著《沉静领导》，认为新时代的领袖气质的共同特点是：内向、低调、坚忍、平和。归纳起来，沉静领导具有三大品格特征。第一，克制。他们坚持原则，但拒绝用英雄式的强硬态度来无所顾忌地达到目的，而总是选择自我克制。他们宁愿花更多的时间去了解真相，然后再耐心地解决问题，而不是莽撞或者逃避。他们不是激进的，相反，他们通常选择谨慎，在权衡各方利益、深思熟虑之后，得出一个带有妥协印记的务实方案。第二，谦逊。他们认为自己的成功就像沙滩上的足迹一样，既不伟大，也不持久。他们在成功时，总是将镜子转向窗外，归功于身外，甚至是运气；而当他们受挫时，则总是将镜子对准自己，检讨自己做错了什么……他们并不追求伟大的构想和无上的光荣，同时也不会因为缺少光荣而放弃努力，因而能够承受挫折。这一点又直接引出了第三点。第三，执着。有学者指出：“执着与勇敢的区别在于，前者是理性的坚持，而后者是感性的冲动。”他们的执着并非完全来自理想，相反他们能够客观地将私心与公心有机地结合，从而爆发更强烈、更持久的韧劲儿。

到这里，很多读者会发现：沉静领导之道，与我们传统的东方哲学——例如内敛、中庸、大智若愚等，不是很相近吗？文化是共通的，冲动在哪里都不会受到赞赏与奖赏。

4. 触犯法律

在所有导致严重后果的冲动中，对社会、对自己危害最大的莫如“激情杀人”。在百度中以“激情杀人”为关键字搜索文章，约有 4340000 篇相关条目。有因为情人要求分手而动手的，有雇员因为受到侮辱而操刀的，有因为言辞冲突而挥铁棍的。这样的例子真是数不胜数，在下一节我们会着重谈这个话题。

克制思维

心理学家发现，缺少自信的人更容易产生冲动情绪，这种冲动实际上是他们一种错误的自我保护方式。心理学家在进一步的研究过程中发现，缺乏自信的男人比女人具有更明显的冲动人格倾向。如果一个男人自我效能感低，对自己的价值不认同，他会觉得自己是被人瞧不起的，是受威胁的，这种心理常态的表现是怯懦、退缩；当遇到偶然的触发事件，容易引发出失控的情绪，比如野蛮、愤怒，当事人在非理智状态下，能感受到反抗的快感，实际上是潜在的一种心理补偿。

许多人以为，自信心的强弱是天生的、不变的。其实并非如此。童年时代招人喜爱的孩子，从小就感觉到自己是善良、聪明的，因此才会获得别人的喜爱。于是他就尽力使自己的行为名副其实，努力造就自己，并成为他相信的那种被大家喜爱的人。而那些不得宠的孩子呢？人们总是训斥他们："你是个笨蛋、窝囊废、懒鬼，是个游手好闲的东西！"于是他们就真的自暴自弃，逐渐养成了这些恶劣的品质，因为人的品行基本上是取决于自我认同和自信的。

每个人的心目中都有各自的为人标准，人们常常把自己的行为同这个标准进行对照，并据此去指导自己的行动。所以，若想使某个人变好，应该对他少加斥责，要帮助他提高自信心，逐渐修正他心目中的做人标准。如果我们想进行自我改造，进行某方面的修养，就应首先改变对自己的看法。不然，自我改造的全部努力便会落空。对于人思想的改造，只能影响其内心世界，外因只有通过内因才能起作用。这是人类心理的一条基本规律。

对真善美的自信，于我们甚为重要。我们总是本能地竭力保持这种从自我认同中所形成的形象。我们也接受别人的批评，但我们能接受的只是那些善意的和那些我们认为对自己信任和爱护的人的批评。若是有人伤害我们的自尊心，即以己之见贬低我们，训斥我们，谩骂我们是笨蛋、呆子时，我们便会愤然而起，进行反击。我们的心理自发地护卫着自己，护卫人最宝贵的——自信心。假若有人削弱了我们的自信心，那我们也许真的就会堕落，我们追求真善美的意志就会衰退。

一个人若是真有性格，就会有信心，就会有勇气坚定不移、一往无前。大音乐家瓦格纳当年曾遭到同时代人的批评、攻击，但他对自己的作品很有信心，最后终于感动了世人。黄热病曾流传了许多世纪，因此病而死亡的人不计其数。但是一小队医药研究人员相信可以征服它，他们在古巴埋头研究，终告胜利。达尔文在英国的一个小园中工作20年，有时成功，有时失败，但他锲而不舍、坚持不懈，因为他自信已经找到线索，结果获得成功。

心态决定你的价值观

中国有句话镌刻在许多人的心头：人活一张脸，树活一张皮。“面子”这个东西，人人都爱。为什么？因为“面子”总是与一个人的人格、自尊、荣誉、威信、影响、体面等联系在一起。

“爱面子”“讲脸面”的确成为支配许多人行为的一个基本出发点。因此常有这么一句话：“死要面子活受罪。”一些人为了“爱面子”甚至可以忍受任何痛苦，即使自己受罪也无所顾忌。还常听到另一种类型的话：“这个家伙，真是撕破了脸了，什么事都干得出来。”意思是说，有些人已经连做人的起码要求都不要了，做什么事情都不会感到惭愧。

近年来，因喝酒导致酒精中毒死亡或因酒后驾车而发生车祸死亡的案例颇多。这类案例的背后除了不健康的“酒文化”外，还隐藏着一个“面子”的恶魔。几句酒场的劝酒辞入耳，就端起酒杯一杯又一杯，完全不顾自己要开车。结果呢？为了撑面子，丢了健康乃至性命。

我们可以从以下几个方面去理解“面子”问题。

1. “面子”是个含义广泛，但又具有“不可捉摸”的概念。诚如鲁迅先生所说：“如果你不去想它，则它在日常生活中存在并且确实运作着，然一旦你思索它时就会开始混淆起来，想得愈多，混淆得愈厉害。”因此直到现在，对什么叫“面子”还尚无一个为众人所共知的定义。对许多人来说，“面子”似乎是一个只能“意会”不能“言传”的概念。

2. “面子”实际上是个人拥有的成就、声望、名气、荣誉、社会地位，甚至包括财富的一种复合体。你成就大了、社会地位高了、钱多了、名气大了，种种荣誉就会接踵而来，这时，你的“面子”就会很大，影响也会很广。你说的话，他人就会听；你所提的各种要求（甚至有些纯属“不合理”的），他人也会尽量满足你；即使你做错了什么事情，人们也会顾及你的脸面，尽量地“不去捅破”等。不过，面子这个东西又很古怪，它不能直接等同于人的成就、声望、名气、荣誉、社会地位。有的人虽成就不高、声望不大、名气不响、荣誉不多、社会地位也并不显赫，然而面子观念却依然很强烈。

3.“面子”主要是在你和他人的相互作用过程中获得的，更重要的还包括人品、人格这些因素。出生“显赫的名门家庭”可以在一定程度上增加一个人的“面子”，然而这是“非本质性”的，如果这类人为所欲为，天生的一副败家子样，那么，不用多久，他就会很快地变成一个“没有面子的人”。相反的，一个普通的人，依靠他刻苦学习和不懈地努力，不断地发挥他的聪明才智，不断地取得惊人的成就，那么，他的“面子”就会越来越大，人们也会越来越给他“面子”。

4. “面子”实际上是一种主观的认知、主观的自我感觉。它包括两种：一种是自我评价或自我感觉；另一种是他人（社会）对你的评价或自我感觉。一般来说，这两种评价或感觉是不太一样的。有的人自我评价高、自我感觉良好，总认为自己“有面子”“有脸面”，人家会给他“面子”，因此经常做出令他人为难的行为，也常常会使自己落入难堪、窘迫的境地。相反的，有的人成就很突出、社会地位也高，然而却为人谦恭，做事谨慎，不轻易动用自己的社会地位来为自己谋利，一般来说这类人的“面子”就很大，人们会很给他“面子”的。

5. 为什么人们尤为“爱面子”“讲面子”呢？因为“有面子的人”可以获得他人的喜欢、尊敬、信任、友谊，成为结交朋友、吸引他人的一种资源，成为满足人们的自尊需要、交际需要的重要手段；可以获得他人的赞扬、羡慕、敬重等，以此满足自己的荣誉感，满足自己的虚荣心理；可以说话有人听，行为有人仿，他们拥有对他人的更大的影响力和感染力，可充分满足自己对权的需要、对他人的支配欲望；可以给自己更大的信心、尊严，因而成为自己进一步行动的重要驱动力。……由于这些因素的综合作用，就会促使一些人不顾一切地去“讲面子”“爱面子”，可以说它几乎成了某些人的一种“本能”，一种比较“原始”的心理需求及其行为的“原动力”。

那么，究竟哪些类型的人会过分地去追逐“面子”呢？甚至会达到“死要面子活受罪”的程度呢？

1. 虚荣心越强烈的人越要“面子”

所谓虚荣，指的是虚假的荣耀，表面上的荣誉。譬如，有的人，在老人活着的时候从不关心老人以尽自己的孝心，甚至扔在一边不照顾，然而老人一死，却大肆铺张讲排场，大搞豪华的葬礼。显然，这并不是对死者的孝心，而是为了做给他人看的，以此表明自己对老人是如何如何的“孝”，即仅仅是为了自己的“面子”而大搞豪华葬礼的。因此，虚荣，本是一种无聊的骗人术，然而有许多人却一个劲儿地追求它。究其实质，就是为了一种“面子”：即使是假的，也要打扮、装饰自己一下。因此，虚荣心越强烈的人也就越要“面子”。

2. 成就欲越强烈的人越要“面子”

成就欲，指的是人们想完成重要的工作，做出杰出成绩的动机。一个人成就欲是否强烈，会很大程度上影响其完成工作的决心，因此，持有强烈的成就欲望，这本是一件好事。然而，当个人意识到自己所掌握的“资源”（如知识水平、能力以及社会关系等）不足以使他完成自己设想的目标时，当他感觉到有可能失去他人较高的评价、承认和赞扬时，他就会变得“矫揉造作”，总想以其他的方式“弥补”自我资源的不足，从而产生各种各样的虚假的“面子行为”。

3. 自尊心越强烈的人越要“面子”

自尊心，这是个人对自我感觉的一种体验。自尊感强的人，往往对自己生活的方式感到满意，对自己存在的价值感觉到重要，因而喜欢自己、尊重自己。然而当一个人不切实际地持有过高的自尊心时，就会刻意地维护、追求自我的形象，夸大自己，千方百计地粉饰、点缀自己，表现出一种强烈的“要面子”的心理。

4. 权力欲越旺盛的人越要“面子”

所谓权力欲，指的是试图影响、支配、控制他人的一种欲望。权力欲过于旺盛的人一般都有两大毛病：一是过于自信，过于相信自己的力量；二是过于自负，过于自以为是。因而在行为上必然要求他人对他“绝对信任”“绝对服从”，不能有丝毫怀疑，谁如果违背了他的意志，或如果当面顶撞了他，那么就等于触犯了他的“神经”，他就会暴跳如雷，就会千方百计地整你。为何他会这样做？其中有一点，就是他强烈的“面子”观念起了很大的作用，为了要保全自己的“面子”，就不得不牺牲自己部下的“面子”。

总之，在上述多种动机的支配下，有许多人变得“死要面子”，而“死要面子”实质上就是一种冲动。在“死要面子”的支配下，人的行为变得不可思议。

向生活妥协是一种智慧

电影《东京物语》讲述了一对日本老年夫妇千里迢迢去东京探望子女，却因子女事务缠身，最后被忽略、被冷落的故事。这对老年夫妇，一共生了三个儿子两个女儿，大儿子在东京做一名普通的医生，二女儿在东京开美容院，三儿子在战场上战死了，成为寡妇的三媳妇留在了东京工作，四儿子在大阪上班，小女儿是一名小学老师，还没有出嫁，留在了家乡。

这对老年夫妇到达东京的第一天，吃晚饭的时候，大儿媳提出除了肉菜之外，再做一些生鱼片，却被大儿子拒绝了。

后来，大儿子本来打算周末带着父母到东京随便逛逛，可没想到等二老做好准备后，他却因为有紧急治疗，轻描淡写地向父母道个歉后，便急急忙忙地出门了。

二女儿这边，二女婿跟她商量，看需不需要去大哥家中问候一下岳父岳母，二女儿却满不在乎地说不用去，过几天父母自会过来。二女婿过意不去，又再次问要不要带二老出去逛逛时，二女儿却叫他不要瞎操心，大哥自有主张。

果然，二老几天之后主动来到二女儿家，二女婿给他们买了一些名贵糕点，却被二女儿责备说："味道倒是不错，可是太贵了，其实煎饼也很好，他们也很喜欢。"女儿女婿都在忙手头上的事情，可怜这对老年夫妇，在二女儿家里干坐了好几天了，不知道该做点什么。

最后，让人意外的是，反倒是守寡的三媳妇，请了一天假，特地带两位孤独的老人在东京好好逛了一大圈。为了摆脱年迈的父母，二女儿向大儿子提议，每人出3000日币，送父母去廉价的旅馆度假泡温泉，大儿子毫不犹豫地同意了。

这只是一部分老人受到冷落的情节，其实在这部影片中，像这些的不周到之处有很多。然而，虽然儿女们拿冷漠和薄情的态度对待他们，但是这对老年夫妇却从来都没抱怨过，说出的话永远是那么谦和、有礼，温和的微笑永远挂在脸上，好像内心没有任何的不满。

两位老人始终将“给你们添麻烦了！”“辛苦你了！”“让你们破费了！”……这些话挂在嘴边，晚上，热海旅馆的人声鼎沸，两位老人被吵得睡不着时，他们的言语还是那么的温和，表情依旧那么慈祥。

“东京也玩了，热海也看了，我们回家吧。”当这句台词不紧不慢地从老人的嘴里飘出来时，这种近乎溺爱的温柔摧毁了人们心底最后一道防线，许多人的眼泪潸然而下。

“慧极必伤，情深不寿，强极则辱，谦谦君子，温润如玉。”这是著名作家金庸曾在《书剑恩仇录》里说的一句话。影片里的两位老人可以毫不夸张地说就是名副其实的“谦谦君子”，面对子女们的寡情冷血，换成谁内心都有委屈和不满，但正因为慈爱和温柔，正因为知足和示弱，他们才心甘情愿默默咽掉这些不为人知的苦涩和落寞。他们低下了老人高高在上的头颅，才没让自己碰得鼻青脸肿。

假如他们性格刚烈，一定不会任由他们随便摆布，对于子女们的招待不周，说不定他们会怒目相向，破口大骂势利冷漠的子女们：“你们这群自私自利的白眼狼，我们怎么会生出这么不孝的儿女呢！”

尽管面对这样的待遇，两位老人有资格指责他们，但这种硬碰硬的做法，无非只能让自己的情绪更加糟糕，子女们本来就不招待他们，这样做必然会让他们更反感。当然，两位老人也确实没有这么去做，从始至终他们都在用自己的温柔来应对子女们的敷衍、不满和抱怨。由于二老的明事理，善解人意的做法，子女才没有彻底撕破脸皮，恪守人伦，极尽孝道虽谈不上，场面功夫倒是做足了，表面上的和谐还算维持住了。

如果要比喻生命，它就像一条奔腾向前的大河，不是永远都直线流淌，曲曲折折也是它的一部分。做人也是如此，学会示弱，适当收敛锋芒，遇事能屈能伸，弹性处事才是王道。如果为人处事过于死板、倔强和刚强，只会得罪别人，伤害自己。

有人认为示弱是一种懦弱无能的表现，其实恰恰相反，在不同的情况下，它是豁达、圆融和弹性的智慧象征。在人际往来中，一个懂得适时示弱的人，更能包容他人的观念和想法，这样的人，很少会与人发生冲突和碰撞，因为他的大度、宽容，紧张的局面迎刃而解，从而化敌为友，还能收获一段段良好的人际关系。

正如影片中的两位老人一样，他们像弹簧一样，在受到冷漠的压迫时，懂得收缩自己，其实是在以一种圆滑巧妙的姿势保全自己。他们宁愿委屈自己，也要维持在儿女心目中的美好印象，正是这种退步和低头，血脉之情才得以延续不息。

固然，为人处事要保留一定的刚直和骨气，可随着阅历的增长，当我们开始学着理解和容忍他人时，对是非的标准开始变得模糊了。这个过程，我们就好比一只吃进了沙子的蚌壳，尽管如鲠在喉，只要我们坚持不懈地用分泌物来消化它，包容它，如果幸运的话，搞不好还会因此收获一颗璀璨夺目的美丽珍珠。

有着“石油大王”之称的哈默，年轻时曾拜访过一位睿智豁达的老前辈，那个时候，他年轻气盛，目空一物，走路总是抬头挺胸，大步向前，一副踌躇满志的样子。一进老前辈家中的门，他的头就狠狠地撞在了门框上，哈默这才发现，这个门框要比自己矮上一大截。

当他用手轻揉自己受伤的脑门时，出门迎接他的老前辈见状大笑起来：“怎么样，很疼吧！不过，我相信这将是你今天拜访我的最大收获！”

哈默听了这话有些不解，老前辈语重心长地解释道：“一个人若想干出一番事业，即必须时刻谨记：该低头时就低头。这就是我想告诉你的。”

老前辈的话让哈默倍受启发，从此，在人际交往中，他始终牢记这一准则，并从中受益良多。对他以后的成就起着重要作用。

俗话说，人生不如意之事，十之八九，倘若我们不懂得示弱、退让、容忍和妥协，那我们只能像刀剑一般，虽然锋利尖锐无比，却终究是太容易被折断。因此，做人最理想的状态是在刚直里加点“软和剂”，就像韩信那样，柔竹能敌强风，必要时候亦吞得下“胯下之辱”。

冲动型性格的判定

在本章，我们讨论了常见的、容易冲动的几类人。当然，限于篇幅，我们不可能将所有容易冲动的人都一一列举。因此，在本章结尾处，我们选取了来自我国台湾的一份心理测试题，以帮助各位更深入地了解自己是否属于冲动型性格的人。以下资料来源于《维纳斯心理测试》。

测验开始：请从第一题开始回答，选出你较喜欢的选项，再依指示前往下一题继续回答。

Q1. 你是否喜欢游泳？

不喜欢，其实我有一点怕水。→ Q2

喜欢，游泳是唯一让全身都能动到的运动。→ Q3

Q2. 如果你必须找人问路，你会选择谁？

同性或是老一辈的人。→ Q4

不会特定，或是找长相好的异性来问路。→ Q5

Q3. 如果你正要出门，碰巧遇到大风雨，你会怎样？

还是出门，难得老天爷掉眼泪。→ Q4

算了，干脆等雨停了再出去好了。→ Q7

Q4. 夏天天气实在太热了，这时一瓶清凉的饮料出现在你面前，你会怎样？

当然是一口气把它喝完、喝干。→ Q8

还是慢慢喝，总有喝完的一天。→ Q6

Q5. 如果不小心，让你遇到一场血淋淋的车祸，你会怎样？

会有点不舒服，可是还是会继续看。→ Q6

会感觉恶心，转头就走，不会看下去。→ Q7

Q6. 如果经济能力许可，你会选择怎样的穿着？

会买好一点的衣服，但不会刻意追求名牌。→ Q9

应该会买名牌，那毕竟质感好且较有保障。→ Q10

Q7. 你是否有常常忘记钥匙放在哪或忘了拿的习惯？

有，而且次数还不少。→ Q9

几乎很少，平时多会特别留意。→ Q11

Q8. 你是否曾经为了偶像出现恋情而难过不已？

心真的很痛，没想到他竟然就这么被“抢”走了。→ Q9

还好，一开始就知道彼此不可能，影响应该不会太大。→ Q10

Q9. 你自己本身是否有美术天分呢？

没有，不是美术白痴就不错了。→ A 型

有，虽然没受过训练，但总觉得有那样一份灵感。→ Q10

Q10. 你看电视时，是否很容易就跟着入戏？

是啊，明知道是假的却还是哭得稀里哗啦的。→ C 型

还好，要感动我的戏剧其实并不多。→ Q11

Q11. 独自一个人住，你在家里会穿什么样的衣服？

反正没人知道，什么样的衣服都无所谓。→ B 型

不会太随便，还是会维持一下形象。→ D 型

诊断分析：

A 型：很小心的人

你是一个很小心的人，事事谨慎的你在做决定的时候会细细评估，结果就是因为想得太多了，连该做的事都没去做。你冲动指数不高，受人影响的指数却不低，所以极有可能会在旁人怂恿下做出意想不到的事。

B 型：外冷内热的人

你是一个外冷内热的人，当你与不认识的人相识之初，会让人有一种严肃感，一旦认为对方可以信任的时候，你甚至会将家中私事告诉对方，小心，这种“熟悉就会让你变得冲动”的血液可能会让你受骗上当。

C 型：活泼开朗的阳光型人物

你是一个活泼开朗的阳光型人物，拥有着乐于助人的个性，由于你常常会在不知不觉中将一些不该说的话脱口而出，久而久之，朋友们会认为你蛮冲动的。其实你并非有意伤害别人，建议你还是守口如瓶比较好。

D 型：很善于思考的人

你是一个很善于思考的人，你的言行举止都是经过思考的，即使有人想要陷害你也很难。你的冲动指数非常低，是个值得信赖的朋友。只不过，防御心强的你看起来朋友虽然很多，却比较缺少谈心的对象。

定律 4

接纳不一样的人生

内心独立于个体而存在

对于敏感很多人都持有自己的观点，有些人认为敏感可以让自己少犯错误，有些人认为敏感限制了自己的人际关系，也有人承认敏感使自己生活在猜忌压抑之中。综观芸芸众生，我们可以把敏感定义为一种情绪，而且很大程度上是一种不良情绪，它通过控制人的思想来限制人的行为选择。俞敏洪曾在演讲中说："很多人失去快乐，是因为他太敏感了。"

马加爵的故事大家都知道，他无疑是一个敏感的人，因为敏感，他让自己和数个家庭陷入绝望。当然，并不是所有敏感者都会像马一样极端，大多数人只是停留在自我批判自我否定的阶段，不具备攻击性。他们在作出行为选择时，会担心其他人的反应、事情的各种突发状况、事情的最终结果，在心里留下"我觉得太难了""发生意外我肯定完蛋了""天啊，太麻烦了"等暗示。带着这种消极情绪开始一项工作，往往就意味着你已经失败了。

2012 年的时候我认识了一个刚毕业不久的大学生，他在广告公司做策划，每天加班到晚上九点，一个月 2600 元的薪资。前几天他突然打电话问我，如果他放弃现在的工作，自己创业，周围的人会怎么看。我回答说，很好啊，反正趁年轻，好好折腾一番。朋友很意外，说，你为什么不骂我，现在工作那么难找，创业太艰辛了。我问他是怎么想的。结果朋友跟我说，同事好像看自己不顺眼，他一进办公室，大家都不说话了，他觉得在公司没有立足之地，但是放弃工作的话，又担心被别人看不起。自己创业一旦失败，到头来还是一个笑话。

这种思想应该很多职场中的人都有，担心同事上司对自己有看法，担心不能胜任工作，担心放弃工作后被人说没能耐。精力都用在各种猜想和试探当中，只会导致不想发生的事情正好发生。做人太敏感，进退两难，犹豫不决，怎么能压住事儿呢。

一个人倘若天生敏感，天生一副林妹妹心肠，并不是一两句话就能改变的。关键在于我们要认识并克制敏感带来的副产品。那么敏感的副产品是什么呢？从以上的叙述中，我们可以将它们归纳为三种：愤怒、猜疑以及恐惧。

猜疑这类副产品是最多见的，几乎任何一个人都习惯地去猜疑别人，也压不住事儿。因此敏感者的猜疑比一般人强烈，他们的情绪也就比一般人波动更大。而敏感者的恐惧多是自己臆造的，一个敏感的学生想在课堂上回答教授的提问，他对自己很有把握，但是他却担心同学会认为自己爱出风头，害怕同学以后会讨厌他排挤他。在这种担心与害怕的过程中，自己先打了退堂鼓。其实，很多时候别人都是一种 who care you 的心态。而敏感者往往以自我为中心，造成不必要的恐惧，使自己的行为选择处于想与不敢之间，最终错失机会。

每个人都是通过敏感神经来接收外界信息，再经过大脑形成主观意识的。过多的敏感只会加重我们的思考，产生不良情绪。《贫民窟里的百万富翁》中有这样一句话："如果你不能影响别人，别人就会影响你。"情绪也是相同的，如果太敏感，我们在做选择的时候就会缩手缩脚，反反复复，而结果只能一事无成。

人生不需要太多观众

“也许他不想破坏我们的友谊。”

“也许他害羞。”“也许他自卑。”

“也许他只是不知道怎么联络我。”……

以上是美国电影《他其实没那么喜欢你》中的一段台词。电影的开头十分有趣，从非洲原始部落的土著妇女，到纽约高档餐厅里的白领女子，从体形臃肿的中年大妈，到身材苗条的妙龄少女，几乎所有的女人都在问同一个问题：

——为什么他没有给我打电话？

女人和男人约完会后，彼此都留下了对方的联系方式，女人们一心盼着男人主动打电话给自己，可左等右等，电话都快被自己盯穿了，男人们还是毫无动静。每当遇到这种情况，身边的死党好友都会为“失踪”的男人想尽各种理由，目的就是为了安慰那个失魂落魄的女人。

比如，“只因为他太爱你了，你是这么漂亮又如此迷人。”“我肯定他只是弄丢了你的号码。”“他不敢约你出去，是因为他被你成功的事业吓到了。”“他不约你，是被你丰富的情感经历吓到了！”“相信我，这只是因为他刚结束一段刻骨铭心的感情。”“相信我，这是因为他从未有过一段刻骨铭心的感情。”“他可能忘了你住哪间茅舍，或是被狮子吃掉了。”

死党们为男人的不联络找的理由可以说是千奇百怪，在她们的安慰下，当事者渐渐地不再感到失落，她们似乎真的以为，男人之所以不来找自己，一定是有其难言之隐，于是乎，就有了本文开头的那一段台词。

然而，事实真的如此吗？我们都知道，女友们说那些话，其实只是想赶快让自己的好姐妹笑起来，至于真实的答案究竟是什么，她们才顾不了呢！

香港著名男演员梁朝伟曾说："男人如果爱你，那你一定会感觉到的。"换言之，如果一个男人不主动联系你，不给你打电话，那基本就意味着他其实没那么喜欢你。可悲的是，女人们总是不愿意承认这个事实，她们永远都在自作多情。

说到底，这还是因为在两性关系中，女人太把自己当回事了。当一个人自视甚高时，往往就会觉得自己在别人的眼里独具魅力，别人巴不得每时每刻都和自己黏在一块。可俗话说得好，"登高必跌重"，我们越是将自己置于高位，一旦失足摔下来，那感受到的疼痛也越是剧烈。

此外，一个把自己看得太重要的人，通常比一般人都要活得更辛苦一点。因为他们总将自己看成是一个在舞台上演出的耀眼明星，台下那么多观众，他们生怕自己干出什么出丑的事儿，最后影响自己在他人眼中的完美形象。

这种人的性格往往比较敏感，平时走在路上，都会特别注重自己的穿着打扮和言行举止，仿佛所有的行人都在盯着他们看。有时候，别人只不过无意瞟了他们一眼，他们都会感到惊慌失措，恨不得立马站在穿衣镜前，仔细审视自己的妆容和行头，唯有确定一切都安然无恙后，他们那颗紧绷的心才能彻底放松下来。

其实，这种感觉和玩空间和朋友圈有些类似。很多人喜欢在QQ空间和朋友圈分享自己的日常生活动态，比如，昨天去哪儿玩了，今天吃什么了。除此之外，还有的人则喜欢在上面秀恩爱，比如，男友给我买什么了……总而言之，不管做了什么，他们统统都要在第一时间发到空间和朋友圈去，这种迫切的举动，似乎是在昭告天下：有很多粉丝渴望知道我的一举一动呢！

如果有很多朋友点赞或是评论也就罢了，可偏偏有时候一点反应也没有，自己传上去的动态压根无人问津，这可把他们急坏了，整日心慌意乱，如坐针毡，心想，朋友们是不是不喜欢我了？假若连平时最要好的朋友，都没有来为自己点赞或评论，他们的内心估计又要上演一场极度激烈的自我对话了。

心理学研究发现，人们在照镜子时大脑会自动进行脑补，所以镜子中的你大概比真实长相好看30%，也就是说，实际上，你真实的长相比你自我感觉上的你要丑 30%左右，专家表示，这就是为什么很多人照相时感觉不像的原因。

从这个心理学研究中，我们可以得出一个结论，那就是每个人都是自恋的。敏感的人则是自恋又自卑，或者更确切地讲，他们的自卑，其实是一种变相的自恋。他们正是因为把自己太当回事了，才高估了自己在别人心目中的地位，误以为自己的一言一行都能对对方产生巨大的影响。

张雨在单位是出了名的“老好人”，很多同事都喜欢找她帮忙，她也从来没有对任何一个人说过一个“不”字。有一天，张雨的小孩生病住进了医院，她准备下班后直接去医院照顾小孩。

哪知，就在快要下班的时候，同事王姐突然找她帮忙：“小张，麻烦你帮我把这份报告润色一下，我有急事要先走一会。”

张雨心想，平时王姐对我不错，这次我要是拒绝她，她肯定会生我的气。于是，她不顾还在住院的孩子，爽快地接下王姐的活儿。

等她工作完赶到医院时，孩子已经睡着了，丈夫一脸埋怨地看着她，责怪她不关心小孩，为此，两个人大吵了一架，最后还把病床上的小孩给吵醒了。

第二天，张雨才从别的同事口中得知，王姐昨天是和朋友逛街去了。

这个故事告诉我们，我们永远没有自己想象中的那么重要，在许多不相干的人的眼里，我们只不过是路人甲乙丙丁罢了。在人生的舞台上，每个人都渴望当主角，每个人都渴望站在灯光下供人观览，可这种美好的愿景终归是一戳即破的肥皂泡泡，所有的自作多情都将化作一个个耳光，毫不留情地朝我们迎面扇来。

不负每一寸时光

在宋丹丹和雷恪生主演的小品《懒汉相亲》里，村长做媒，给村里的资深懒汉潘富（雷恪生饰演）介绍了一个对象魏淑芬（宋丹丹饰演）。在相亲的那天，魏淑芬口口声声都是“俺娘说”，比如，俺娘说了，女儿大了要出门，要找找个勤快人；俺娘说了，有些个人胡扯八扯当本事，牢骚坏话烦死人；俺娘说了，耍皮球睡懒觉，这样的男人可不能要……

她每说一个“俺娘说了”，懒汉潘富的脚就疲软一分，这还相什么亲呢？魏淑芬完全是按照她娘的指示来挑选伴侣，她娘说的那些个不能要的男人，正好条条都戳中了潘富的软肋。可以想见的是，这场相亲绝对不可能开花结果。

放眼现在，我们身边还有着不少像魏淑芬那样的人，他们不管说什么话，做什么事儿，全部依靠别人的眼光和观念，自己一点主见都没有。人云亦云，随波逐流就是他们固有的生活方式，你要是问他们为什么要活得那么毫无个性，他们给你的回答通常是：别人都是那么过的啊！

别人是怎么过的，难道就代表我们也要怎么过吗？有这种想法的人多半还是因为自身太过敏感，内心不够强大吧！他们在别人的眼光和自己的梦想间权衡再三，最终决定抛弃自己的梦想，选择和大多数人为伍。因为只有这样，他们才能避免和强硬的世俗对抗，才能避免和大多数人的生活方式背道而驰。

其实说白了，他们的内心都住着一个敏感怯懦的小孩子，这个小孩子特别看重别人的意见，特别在乎自己是不是和别人一样有着同样的羽毛。他们就好比别人手中的橡皮泥，即便他们心仪的形状是一只蝴蝶，但是如果别人想把他们捏成一只蜻蜓，他们最后也不会发出任何反对的声音。久而久之，他们将彻底遗失真实的自己，活出来的生命状态也将毫无色彩，毫无惊喜可言。

哲学家苏格拉底曾给自己的学生上过一堂别开生面的课，他大力提倡“不盲信”教育，注重培养学生的个性，希望学生在别人说的话面前，摒除人云亦云的心理陋习，从而活出精彩的真实自我。

有一天，苏格拉底在给学生们上课的时候，突然从口袋里掏出一个苹果，大声地对他们说道：“请大家先用心闻一闻空气中的味道，然后再告诉我你们闻到了什么？”

话音刚落，很快就有一位学生举手回答说：“老师，我闻到了苹果的香味。”苏格拉底点了点头，立刻拿着苹果走下讲台，慢慢地从每位学生的身旁走过。他一边走，一边要求学生仔细地闻一闻，空气中是否有苹果的香味。

等苏格拉底回到讲台后，他又重复了一遍刚才的问题。这个时候，除了一个学生外，教室里所有的学生都举起了手，纷纷表示自己在空气中闻到了苹果的香味。

于是，苏格拉底笑着问那位唯一没有举手的学生：“同学，你难道真的什么气味也没有闻到吗？”那位学生眼神笃定，毫不犹豫地说道：“我真的什么气味也没有闻到！”

听到这位学生充满肯定的回答，苏格拉底感到十分的欣慰。最后，他向全班学生高声宣布道：“这位同学是对的，空气中根本没有苹果的香味，因为我手中的这个苹果是假的！”

这位得到苏格拉底赞赏的同学，就是后来大名鼎鼎的哲学家柏拉图。从这个小故事里，我们可以清楚地看到，柏拉图是全班学生中唯一一个遵从自己的内心，不被别人的话迷惑的人。当身边的同学们众口一词，都说自己在空气中闻到了苹果的香味时，柏拉图却给出了不一样的答案。

由此可见，太在意别人眼光的人，很容易犯下人云亦云的低级错误，最后在一次又一次的随波逐流中，渐渐丢失了自己最真实的模样。不可否认，紧随他人确实是最安全的生活方式，但你可知接踵而来的代价又是什么呢？我们会活在别人的价值观里，他们随时都能用自己的秤来评判我们的生活，从此幸福与否，不再由我们说了算。仔细想想，相信很多人都会有一种背脊发凉的感觉。

在娱乐圈，很多女明星都热衷于整容，表面上看，是希望自己变得更漂亮一点，从而提高自己的自信心，毕竟容貌是天生的，“丑小鸭”只能借由手术让自己变成“白天鹅”。而实际上，她们只不过是为了能博得更多人的喜爱和好感，人们喜欢大眼睛，她们就跑去开眼角、割双眼皮，人们喜欢瓜子脸，她们又奔去磨腮帮、削颧骨。

最后，娱乐圈的女明星都是清一色的锥子脸、双眼皮、大眼睛，让人看得眼花缭乱，几乎都分不清谁是谁了。有的女明星原本还长得挺俊俏的，可整来整去，结果硬生生在迎合大众的口味下，整成了一个几级伤残。人算不如天算，就在女明星们美得如此雷同时，顶着一张方脸的超级女声选手李宇春，反倒脱颖而出，成了观众心目中的清纯佳人。你说可笑不可笑?

意大利文学家但丁在其代表作长诗《神曲》中如是说道：“走自己的路，让别人说去吧！”那么过年过去了，这句话依旧闪耀着真理的光芒。世界上的人有千万种，每个人都有着自己与众不同的个性、需求、兴趣爱好以及评判标准，如果我们太在乎别人的眼光，那未来我们不仅会活得非常辛苦，还将彻底失去唯一一次做自己、活出真实的自己的宝贵机会。

随时保持心的平静，把事做到最好

买过东西的人都知道，同一个牌子的食品基本都有着不同的口味，就拿很多人都喜欢吃的泡面来说，市面上最常见的有红烧牛肉味、老坛酸菜味、剁椒排骨味等。厂家为什么要生产出那么多不同口味的泡面呢？相信这并不难理解，因为有的人喜欢这个口味，而有的人则偏好那个口味，厂家为了提高泡面的销量，只能让自己生产的泡面变得“品种多样”，好满足这难以调和的“悠悠众口”。

饶是这般费尽心思，厂家也仍是无法让所有人都爱上泡面，毕竟这世界上的人实在是太多了，任谁有三头六臂的高强本领，最终还是分身乏术，顾不过来。

而这一切，让人不由得想起来自印度的一个寓言故事。

从前，有一对父子在街上买了一头毛驴牵着回家。在回家的路上，他们遇见了一个跛子，跛子嘲笑道：“你们俩真蠢，有毛驴骑，干吗还走路？”于是父亲叫儿子骑了上去，自己跟着走。走了没多一会，他们俩又遇见了一个老头，老头生气地说道：“年少的骑驴，让年老的跟着走，太不像话！”父亲听了，连忙叫儿子下去，自己骑了上去。

走着走着，被一个抱小孩的妇女看见了，便说：“做父亲的骑毛驴，倒叫儿子跟着走，心里怎么过得去？”父亲没办法，只好把儿子也拉上驴背，一同骑着走。这时候被一个白发苍苍的老奶奶看见了，便说：“小小的一头毛驴，哪儿能经得住两个人压呢？你们真是太狠心了！”父子俩认为言之有理，于是决定抬着毛驴走。当他们过一座桥时，毛驴因为不舒服，挣扎起来，结果连人带驴，通通掉到河里淹死了。

就这么短短的一段回家路，父子俩都没有安安全全地走完，归根结底，还是因为他们的内心太敏感，渴望所有人都不对自己的言行举止发出任何异见，所以才会接二连三地被跛子、老头、妇女和老奶奶的话影响，一变再变，最后干出抬驴子回家的大蠢事，甚至还因此丢掉了自个儿的宝贵性命。

这虽然是一个比较极端的例子，可不正是许多敏感之人内心的真实写照吗？在一切人际交往中，他们往往都擅长忍耐、娴于服从，喜欢迎合，缺乏主见，可以毫不夸张地说一句，他们的一言一行全部建立在别人的喜恶之上。别人喜欢的，他们才会去说，才会去做，而别人厌恶的，哪怕内心再怎么中意，他们也会割舍。

然而，如果所要迎合讨好的对象只是一人也就罢了，可他们偏偏就不知足，内心就像一个无底洞，贪念使得他们想要所有的人都为自己点赞。毫无疑问，这种希望让所有人都满意的念想注定是要落空的，一来，谁都做不到让所有人都满意，二来，让所有人都满意的过程总是无比艰辛，在到达终点之前，我们早已筋疲力尽，颓然倒下。

此话绝对不是吓唬人。试问，一个走路喜欢东张西望，提心吊胆的人，能在旅途中得到片刻的轻松和快乐吗？和普通人相比，敏感的人，活得实在太累了，他们在迎合别人的过程中，无时无刻都在揣测着别人的情绪和想法，比如，我的话是不是惹他生气了，我这么做会让他满意吗，我们许久没联系了，他会不会觉得我不把他当朋友呢？许多凭空臆测出来的东西都被他们当作真实的烦恼，当普通人轻轻松松走完一段路时，他们还在路上沉溺于自己的满腹心事中，脚步越走越沉，心思越来越重，人也越来越焦虑、不安、抑郁，最后弄得自己身心皆累。

若想改变现状，敏感之人就必须从“奴仆”的角色中走出来，尝试着为自己而活，要知道，照顾别人的想法虽不是一件坏事，可过度为他人服务，未免就有些自作多情，自寻烦恼了。

我们必须认清一个事实，别人不会因为我们的好，就会放弃对我们的品头论足，同理，别人也不会因为我们的“不好”，就会对我们敬而远之。每个人都有不同的个性、兴趣爱好和生活方式，在别人身上找到相似的羽毛固然是一件值得让人高兴的事儿，可相互尊重彼此身上不同的色彩，才是让人际关系得以顺利进行的不二法宝。

在美剧《生活大爆炸》中有这么一个情节，佩妮和伯纳黛特因为工作的事儿起了纷争，她俩都向彼此共同的闺蜜艾米抱怨对方，佩妮说伯纳黛特对自己的工作插手太多，而伯纳黛特则说佩妮一点也不领自己的情。艾米插在中间，为了两边都不得罪，于是，当佩妮说伯纳黛特的不是时，她会跟着佩妮一起抱怨，而当伯纳黛特说佩妮的不对时，她又会跟着伯纳黛特一起发牢骚。

刚开始，艾米非常享受这种感觉，因为她觉得自己是三人中间唯一一个不被其他两人讨厌的人。可时间一长，她在应对两边的过程中，难免有些力不从心，为此闹出不少笑话。最后，当佩妮和伯纳黛特和好时，她终于松了一口气，这下，她再也不用一人分饰两角，忙得不可开交了。

一个人想要讨好两个人都那么困难，可以想见，一个人若想让所有人都满意压根就是天方夜谭。我们喜欢的别人未必喜欢，因为爱好不同；我们感受到的别人未必会有同感，因为经历不同；我们看到的别人未必看得明白，因为领悟不同；我们认为做得对的别人却认为是错的，因为立场不同。总而言之，众口难调，我们是永远都无法让所有人都满意的，趁早明白这个事实，解脱就来得更快。

屏蔽“杂音”

在美国经典电影《教父》中，老教父对儿子迈克尔·柯里昂说，每个人只有一个命运。换言之，一个人一次不可能走两条路。而怎么样才能把脚下那条路走好，这是困扰很多人的一个难题。既然说是难题，那就意味着，走在这条路上，我们会遇到许多困难，而困难之一就是来自他人的“杂音”。

常言道，有江湖的地方就有是非，其实，这话还没说到点子上，实际上，有人的地方，是非就如一锅滚烫的热水，从来没有停止沸腾过。而所谓的是非，在某种程度上，就是对他人生活的指手画脚和瞎掺和。

如果一个人内心不够强大，那很容易就会被他人的言语影响，从而做出与内心的真实想法背道而驰的事情。这种事情不胜枚举，比如，一个喜欢单身的大龄未婚女青年，原本一个人生活得好好的，可家人、朋友、同事甚至是陌生人，不断地在她耳边说什么一个人孤独到老很可怕，没人照顾很可怜等，吓得她到处相亲找对象，匆匆结婚了事，最后却因夫妻俩性格不合而闹离婚。

这就是“杂音”带给一个人的巨大影响之一。

相信很多人都曾耳闻过“杂音”，生活在这个社会上，只要我们不是离群索居，隐居山林，总会有人摆出经验老到的过来人嘴脸对我们说教：“不听老人言，吃亏在眼前。”但是，每一个人必须明白的一点就是，即便是听取和采纳别人的意见，我们也要先对这些意见进行基本的梳理和思考，去其糟粕，取其精华，万万不可生搬硬套，成为任何人教条主义下的牺牲者，糊里糊涂地当了一个倒霉蛋。

敏感之人尤其要注意。因为有时候，善于听取他人的意见，并不是一件坏事，别人的看法和经验确实能让我们少走一些弯路。然而，俗话说得好，“鞋子合适不合适，只有脚知道。”这句话真可谓是言简意赅，很多事情只有当我们亲自去尝试了，才知道这样做究竟适不适合自己。别人说过的话和走过的路或许只是适合他自己，却未必是一剂包治百病的良方，也能让我们的人生无病又无痛。

因此，面对七嘴八舌的纷乱场景时，我们要适时地让自己的耳朵学着屏蔽“杂音”。在这里，最值得一提的是华为的老总任正非和老干妈的创始人陶华碧了。

众所周知，华为和老干妈一直都没有上市，按理说，这两家企业要规模有规模，要口碑有口碑，要实力有实力，上市应该能为他们带来更多的利润，可他们为何却偏不走这条能迅速开辟疆土的捷径呢？要知道，很多中小型企业的领导者，可是连做梦都想着上市呢！

对此，华为老总任正非的态度是：猪养得太肥了，连哼哼声都没了。多么精准生动的一个比喻。在任正非看来，科技企业是靠人才推动的，公司过早上市，就会有一批人变成百万富翁、千万富翁，他们的工作激情就会衰退，这对华为不是好事，对员工本人也不见得是好事，华为会因此而增长缓慢，乃至于队伍涣散。员工年纪轻轻太有钱了，会变得懒惰，这对于他们个人的成长十分不利。

事实证明，他的观点是正确的，华为的日益强大，成功地堵住了旁观者不断发出上市呼声的大嘴巴。

至于陶华碧，她之所以拒绝上市，一是因为上市可能会倾家荡产，二是因为她不想靠上市“骗”老百姓的钱。时至今日，老干妈依然在各大超市热卖，在美国还升级为“奢侈”的调味品，这一切足以证明，陶华碧的坚持是正确的，至少她让老干妈保持了良好的发展势头。

大至企业老总，下至平头百姓，如果内心过于敏感，前者必然做不好企业，后者必然过不好生活。这一点毋庸置疑，我们的耳朵里若是充斥了太多的“杂音”，又怎能心平气和地做出正确的决策？杂音太多，往往都要归因于我们的内心不够坚定，他人的三言两语就像接二连三的石头，一次又一次在我们的心湖激起波浪，最终影响我们的双腿，使之晃动不安，进而连累我们要走的路。

管理大师彼得·德鲁克曾意味深长地说道：“只有偏执狂才能成功。”他所说的偏执，无外乎就是一个人对某事极强的专注力。专注力极强的人，往往都有着异于敏感之人的坚定，这种人即便身处人声鼎沸的闹市，也能静下心来，忘乎所以地读书写字。他们特别懂得如何让自己的耳朵屏蔽“杂音”，从而不受任何人言语的影响和干涉，专心致志地走在自己喜欢的道路上，颇有“一条道走到黑”的决心和毅力。在我看来，这种人通常都活得特别精彩，不落俗套。

与之相比，敏感之人无疑难以望其项背，然而，这并不代表敏感之人永远达不到这种境界，只要努力做出改变，谁都可以拥有让人惊艳的人生。

1. 面对问题，多尝试一个人去做选择。

2. 学会对自己的选择负责。

3. 多给自己加油鼓劲，提高自信心。

以上小小的三点，只要我们能在日后的生活或是工作中多多地运用，总有一天，我们会感受到独自上路以及专心走路给身心带来的莫大快乐。过往，耳朵里的“杂音”太多，让我们看不清脚下的路，如今，耳朵里传来的都是自己真实的心声，它能帮助我们拨开眼前的迷雾，找到清晰明了的方向。

过于紧张

有一句成语叫“物极必反”，配上金庸在《书剑恩仇录》中的一句话“慧极必伤，情深不寿，强极则辱”来形容，实在再恰当不过了。凡事都有一个度，度的末端是万丈悬崖，喜欢走极端的人，特别容易失控，最后失足踩空。

这就跟琴弦一样，在松紧合适的状态下，能奏出一曲优美的音乐，可一旦绷得太紧，就会落得个“弦断无人听”的下场。做人也是这么一个理儿，用心思考能帮助我们想通很多问题，可我们若是思虑过度，难免会伤神伤身，活生生把自个儿逼疯。

很多人不知道，从中医的角度讲，过度思虑是非常伤脾的，《黄帝内经》中就曾有“思伤脾”的记载。脾主运化，一个思虑过度的人，会使脾气郁结，运化失职，而致纳呆、腹胀、便溏等症。这说的还只是身体部分，其实，过度思虑对一个人的精神状态伤害最大。打个比方，花谢花落，原本是非常正常的自然现象，可在敏感的林黛玉眼里，却成了一种韶华易逝的象征，而一旦联想到这些伤感的事物，林黛玉肯定会愁肠百结，抑郁不已，黯然泪下。

最后，不止林黛玉本人会尝到思虑过度带来的苦果，就连她身边的亲人、朋友、丫鬟也要跟着她一起遭罪。原因很简单，情绪是能够传染给人的，跟快乐的人待久了，我们也会变得更开心，而跟悲伤的人处久了，我们也会变得更郁闷。

在《红楼梦》里，和林黛玉性格反差最大的，应该是开朗豪爽、心直口快的史湘云了。若是放在现在，史湘云的性格大概可以归类于“没心没肺”，她不像黛玉那样凡事都喜欢刨根追底和较真，大口喝酒，大口吃肉才是她的真实本色。

也只有这样豪迈大方的姑娘，才干得出醉酒之后，为了图凉快酣眠青石板凳上的有趣事儿，当时，四面芍药花飞溅了她一身，满头脸衣襟上皆是红香散乱，手中的扇子在地下，也半被落花埋了，一群蜜蜂蝴蝶闹嚷嚷地围着，更绝的是，她还用鲛帕包了一包芍药花瓣枕在自己的脑后。

事后，园子里的小姐和丫鬟都笑话她，可她一点也不当一回事，根本就不往心里去，这若要是换成林黛玉，那估计又要一个人躲起来想半天了。光想想这个画面，都真心替林黛玉感觉累，一个人每天都要说很多话，做很多表情和动作，如果人人都像她那样挨个去解读、去分析、去琢磨，那一天二十四小时恐怕都不够用，这也就罢了，自己成天沉溺在这些无用的思虑和猜忌中，早晚都得疯。

想得太多，就容易把简单的事儿弄得很复杂，明明只是一点鸡毛蒜皮的小事，最后却在自己的过度思虑中，被放大成一个人间悲剧，这种愚蠢的做法不是没事找事吗？敏感的人就是喜欢庸人自扰，他们自身才是自己最大的敌人，费尽心力建造了一个迷宫，到头来却只为把自己困住。

无疑，思虑过度是一种心理疾病，敏感者必须早点意识到，然后积极采取有效措施，让自己的生活重回正常的轨道。

首先，一定要加强和他人的沟通，努力排除心中的阴影。因为敏感的人总喜欢用想当然的方式去观察世界，哪怕心中有再多的疑问，他们也不愿意开口，向他人讨要一个答案，这直接导致他们思虑过度，心乱如麻。因此，敏感之人务必要学会主动和相关的当事人进行沟通和交流，从而获取客观现实的信息，将自己心中的困惑、猜测和阴影扫除干净。

其次，增强自己的自信心。一个自信的人，一般都会感觉自我良好，不太在乎别人对自己的评价。而敏感之人之所以思虑过多，很大程度上就是因为自卑，对自己的不自信直接导致其渴望从他人那里收获肯定和认可。

再次，走出想法，拥抱兴趣。过多的思虑会让人的大脑如扇叶般飞速转动，长期下去，人会变得精疲力竭，此时，最好的办法就是给大脑放个长假。敏感的人可以尝试着去做一些自己特别感兴趣的事儿，比如唱歌、跳舞、瑜伽、慢跑、画画、和朋友逛街、烹饪，等等，任何远离思考的事儿，都能给自己带来轻松快乐。

最后，停止追求完美。一个有完美情结的人，做事固然谨慎、细致，可其在行动之前，往往会特别容易想太多。太想顾全所有，就有些鱼与熊掌都想兼得的贪婪了，这种贪婪会让人变得焦虑、不安和躁动，从长远来看，一点也不利于身心的健康。因此，敏感之人不能再等待完美，该出手时须出手，越行动越幸运。

英国大文豪莎士比亚曾说："一个人思虑太多，就会失去做人的乐趣。"先别管做人的乐趣究竟是什么，我们先把乐趣保住才是重点，毕竟思虑本身就不是一件有趣的事儿。有思考，就会有忧虑，一点点忧虑不会伤害一个人，可思虑过度却能将一个人逼疯。话至此，希望所有敏感的人儿都能走出自己的想法，多和外面的世界建立联系，因为唯有心宽，我们才能享有一片大大的自由天地。

独特的角度

敏感的人通常都是直线思维，是非对错，泾渭分明，这种人遇到任何烦心事，第一反应都和大部分人一样——双眉紧蹙，忧心忡忡。可人的天性就是趋利避害的，普通人很难长时间滞留在一种不开心的情绪里，他们基本都懂得如何去排遣心中的忧愁和烦恼。而敏感的人却不一样，当大多数人都从第一反应中走出来时，他们还在原地踏步，冥思苦想，忧愁满面。

很难想象，一个既不知晓如何排遣烦恼，又不懂换个角度看问题的人，要怎么轻轻松松、开开心心地活在这个世界上。女作家绿妖就曾是这么一个敏感的女子，在一次采访中，朋友柏邦妮问她小时候是不是也像现在那么安静。她则回答说自己小时候性格非常活泼，但由于父母的性格都非常暴躁，她的童年过得并不开心，长大后不管做什么事儿，和什么人打交道，她总感觉如履薄冰，无法对人生出全然的信任，在他人的眼里，她给人的感觉不仅素净，还十分静默。

每逢春节，绿妖的家里总会爆发大战争，有的人在狂叫，有的人在痛哭，还有的人在酗酒，更有人光脚踩在碎玻璃渣上，每个人都觉得别人对不起自己，每个人都觉得自己委屈，是最大的受害者。绿妖也不例外。她一度躺在童年阴影里，将自己性格中的缺陷以及生活工作上的不如意都推给家人，她心想，这一切都是父母的错，是父母毁掉了自己的生活。

这种认知虽然让她免于责难自己，但却没有给她带来多少快乐和释然，同时也没有给她的生活和工作带来任何帮助。直到有一天，她在心理学家那儿了解到，许多“受害者”都是勤于抱怨而疏于改变，因为成为“受害者”是最容易获得道德正确感的途径。“受害者”通常都处于道德的制高点，也就是说，如果有人伤害了我，那他就要对我所遭受的一切痛苦负责。

绿妖明白了这一点后，逐渐从“受害者”的身份走出来，重新换一个角度来审视自己的童年。以前，她只知一味地怨恨父亲的粗暴，现在，她慢慢能够理解父亲，父亲同样出生在一个非常糟糕的原生家庭，在他的小时候，挨父母的揍是家常便饭，那个年代连饭都吃不饱才是最大的痛苦。一个在幼时从未被好好对待过的父亲，长大后在子女的教育问题上，根本不知道还有更好的方式。

至此，绿妖看待父母的眼光不再那么杀气腾腾，相反，她对父母还多了一层发自内心的怜悯和怜爱。随着年岁渐长，她也变得越来越柔和，在她的新书《沉默也会唱歌》中，人们惊喜地发现，绿妖心中的伤痕在慢慢痊愈。

角度不一样，看到的风景也不一样。一个人从冰箱拿出半杯水，敏感的人会哀叹，只剩下半杯水了，而豁达的人则说，嗯，运气不错，还有半杯水。两者的人生境况别无二致，可两者的心情却有着霄壤之别，究竟哪一种日子更好过，相信每个人的心里都有一杆秤。

绿妖无疑是幸运的。自从她站在不同的角度打量自己的过往后，她的心境发生了翻天覆地的变化，至少此时此刻她的心中少了许多埋怨和仇恨。我们知道，当一个人的内心有阳光渗透进来时，那快乐和幸福就在不远处了。

哲人曾说，苦难是上帝化了妆的幸福。此话深以为然，因为在这个世界上，从来没有真正的得到和失去，所谓的失去，在某种程度上其实也是一种得到。绿妖失去了快乐安逸的童年，最后又得到了在大城市淬炼自己的机会，她的文字之所以那么能打动人心，不正是过往的伤痛变相赋予她的灵感和素材吗？

在狂风暴雨中穿行，刚开始或许会受一点皮肉之苦，可一旦挺了过去，我们将变得更加强大，日后即便遇到再大的挫折和磨难，我们也能屹立不倒。因此，从这个角度看，我们非但没有失去什么，反而得到了更多，我们非但没有经历什么烦心事儿，反而练就了一身解决麻烦事儿的超强本领。

有的人很容易被困难“一叶障目”，终究还是内心的敏感在作祟，想问题和做事情都不够灵活，遇到一丁点儿不如意之事，就要停下来唉声叹气，叫苦不迭，到头来，不仅赔了时间和精力，连好心情也被抹杀得连一点渣都不剩。

事实上，这种做法对解决问题一点儿实质性的帮助也没有，问题始终停留在那儿，我们向它浇灌再多的焦虑和烦恼，也无法让它凭空消失。更可怖的是，我们每耽搁一秒，它还会像滚雪球一样越滚越大。

在佛看来，焦虑是一个思想的陷阱，它是敏感之人内心的无明、妄想、烦恼合力打造的。不了解事情的真实面貌是无明，对某种结果的担忧是妄想，对他人的抵触和成见是烦恼。而这一切，都源于我们不愿意换个角度看问题，不愿意尝试着和他人交流一下我们所焦虑的事情，我们只是固执地站在自我僵硬的认知里，朝着眼前看不到尽头的悬崖谷底，发出那一声绝望的喊叫。

跳出自我设置的牢笼吧，上帝虽为我们关掉了一扇门，但只要我们愿意换个角度看问题，就会发现拐角处上帝又为我们打开了一扇窗，而窗外的风景丝毫不逊于以前，有时候甚至更美更动人。

定律5

坦然正视的心态

扭转厄运的决心

一个人，如果仅仅相信自己会幸运是不行的，还要有扭转厄运的决心，因为在人生的道路上，不会总与好运相随，随时都会有厄运降临。如果被厄运吓倒，又岂有成功的希望？所以面对厄运时，要有扭转厄运的决心，才能真正地走向幸运。

杰克·伦敦自幼家境贫寒，但他雄心勃勃地为自己设计了一个做大作家、用笔杆子改造社会的远大前程。为了当作家，他在中学补课一年，然后考入加利福尼亚大学，但因难以支付学费，只读了半年就辍学了。失学并没有动摇他当作家的决心，他改变主意，以社会为学习的课堂，更加孜孜不倦地学习。达尔文、马克思、尼采等人的作品使他学会思考；莎士比亚、歌德、巴尔扎克等人的作品使他学会写作。他开始写稿投稿，但却一次次地被退回。可他并不灰心，生活困难，就靠典当过日子；时间紧张，白天时间不够就晚上写。他勤奋地做笔记，搞索引，抄卡片。最终，他在 1890 年发表了处女作《给猎人》，后来著作等身，成为一名大作家。

林肯 15 岁的时候才开始认字母，每天早晚都要走四里森林小路到校求学。他买不起算术书，就先向别人借，再用信纸大小的纸片抄下来，然后用麻线缝合，做成一本自制的算术书。他以不定期上课的方式在校求学，知识都是“一点一点学的”。他所受的正规教育，总计起来不过十二个月左右。林肯下田干活的时候，也将书本带在身边，一有空闲就看书。中午吃饭时，也是一手拿着玉米饼，一手捧书。最终，林肯由一个贫穷的孩子成长为统率美国的政治家。

杰克・伦敦和林肯都深深懂得，必须自己要有拿得出手的“真货”，才会在成功的路上获得贵人的青睐。若要他助，必先自强自助。

历史上许许多多成功的人物，都不同程度地遭遇过厄运，但他们都没有在厄运中沉沦，而是奋力拼搏，扭转了厄运，开创了新局面。

公元 1352 年，朱元璋投靠郭子兴，被守城将士误以为是元军的奸细，差点儿就把他杀死，幸好被郭子兴救下，收为步卒。朱元璋是个聪明人，他知道郭子兴对自己事业发展起着不可估量的作用，拉近与郭子兴的关系，也就等于拉近了与成功的距离，所以，首先他非常努力，以出色的才能，让郭子兴坚信自己并未看错人。

被收为步卒后，朱元璋每天在队长的带领下，与大家一起练习武艺，他非常明白，在当时的条件下，要想出人头地，唯一的途径就是拼命努力，这样才能贴近郭子兴。所以，他总是比别人练得刻苦，练得认真，练得时间长，在十几天的时间里，就已经是队里出类拔萃的角色，郭子兴非常喜欢他，每次领兵出击，都会把他带在身边，而朱元璋也总是小心地护卫着郭子兴，作战十分勇猛，斩杀俘获过不少敌人。

试想想，如果没有表现出色，朱元璋会被郭子兴调到元帅府做亲兵九夫长吗？如果没有过硬本领，在遇上重要事情时，郭子兴会征求朱元璋的意见吗？

后来，郭子兴就派朱元璋单独领兵作战，每次打仗，朱元璋总是身先士卒，冲杀在最前面，得到战利品，他又分毫不取，全部分给部下，因而部下都非常拥护他，每一次出战，大家都齐心合力，所向披靡。郭子兴见朱元璋带领的部队，凝聚力空前增强，战斗力大为提高，于是，对他比以前更加器重，特别想把他收为心腹，让他真心真意、死心塌地地跟着自己干。

中国人十分重视家庭伦理，编织裙带关系又是结交心腹的常用手段。郭子兴自然也会想到用这个办法，他的两个夫人都姓张，第二夫人被称为小张夫人，她抚养着一个义女，是郭子兴的好友马公的小女儿，马公原是宿州闵子乡新丰里的富户，因仗义疏财，广交宾客，破了家。妻子生下小女儿后，不久就死去，他因躲避仇家，带着女儿来到定远投奔郭子兴，两人结成生死之交。郭子兴起兵时，马公回宿州策划起兵响应，不料，没多久就死了。马公死后，郭子兴就将马公的女儿交给小张夫人抚养，把她当作自己的亲生女儿看待。

这时候，郭子兴为了收朱元璋为心腹，便将义女嫁给他。马氏聪明贤惠，端庄温柔，善解人意，且“知书精女红”，对朱元璋来说，一个穷小子竟然能娶元帅的女儿为妻，连他自己都觉得像是一场梦。从此，他有了靠山，众兄弟自然对他另眼相看，以后军中就称他为“朱公子”。

我们看到，朱元璋事业的每一步走得好，表面看似是靠交际贴近与关键人物的关系，他的贵人郭子兴对他的赏识提拔，为他日后的出人头地提供了不可缺少的条件，其实最重要的还是他自己的努力，倘若没有他的刻苦耐劳，就不可能拥有一身真本领，没有过硬并让人信得过的才能，又怎能扭转他之前的厄运?

下面是两份完全不同的履历表：

第一份写满了不幸，像是上帝有意要抛弃这个人，给了他一张坏得不能再坏的牌，不信你看看：1 岁时险些死于猩红热；4 岁时一场麻疹，又让他险些夭亡；13 岁时患上了严重的肺炎；46 岁时突然长满脓疮，只好拔掉几乎所有的牙齿；50 岁后，关节炎、肠道炎、喉癌等疾病不断向他袭来，他的声带坏了，几乎成了哑巴；58 岁时因肺结核口喷鲜血而亡。

第二份却是另外一种色调，写满了幸运和成功：3 岁学琴，8 岁时创作了第一首小提琴奏鸣曲；9 岁入市立歌剧院的管弦乐团；11 岁，在热那亚举行公开演奏会，获极大成功；23 岁任卢加宫廷乐队小提琴独奏家；30 岁足迹遍及维也纳、德国、巴黎和英国，誉满整个欧洲……

出乎意料的是，这两份履历来自同一个人，他就是尼科罗·帕格尼尼，意大利小提琴大师。我们从这两份履历中不难看出，一个人只有有扭转厄运的决心，就是有再多的厄运也不会影响他追求幸运和成功的脚步。

让自信的光芒照亮内心

一位父亲带着儿子去参观梵高故居，在看过那张小木床及裂了口的皮鞋之后，儿子问父亲：“梵高不是位百万富翁吗？”父亲答：“梵高是位连妻子都没娶上的穷人。”

第二年，这位父亲带儿子去丹麦，在安徒生的故居前，儿子又困惑地问：“爸爸，安徒生不是生活在皇宫的吗？”父亲答：“安徒生是位皮匠的儿子，他就生活在这栋阁楼里。”

这位父亲是一个水手，他每年来往于大西洋的各个港口，这位儿子叫伊东布拉格，是美国历史上第一位获普利策奖的黑人记者。20年后，在回忆童年时，他说：“那时我们家很穷，父母都靠出苦力为生。有很长一段时间我一直以为像我们这样地位卑微的黑人是不可能有什么出息的。好在父亲让我认识了梵高和安徒生，这两个人告诉我，上帝没有看轻卑微。”

从这个故事可以看出，这个儿子没有自卑，才使自己的人生没有虚度，才让自己的人生远离了不幸。

在社会上，自卑的人总感觉处处不如别人，自己看不起自己，“我不行”“我没希望”“我会失败”等话总是挂在嘴边。自卑的人往往自尊心极强，自卑与自尊经常会发生冲突，这种冲突会造成极其浮躁的心理。谁都曾有过自卑的念头，但千万不要让这种危险的念头主宰了你，你要相信，你会战胜自卑的。

1951年，英国人富兰克林从自己拍得极为清晰的DNA（脱氧核酸）的X射线衍射照片上，发现了DNA的螺旋结构，就此还举行了一次报告会。然而富兰克林生性自卑多疑，总是怀疑自己论点的可靠性，后来竟然放弃了自己先前的假说。可是就在两年之后，霍森和克里克也从照片上发现了 DNA 分子结构，提出了 DNA 的双螺旋结构的假说。这一假说的提出标志着生物时代的开端，因此而获得 1962 年度的诺贝尔医学奖。假如富兰克林是个积极自信的人，坚信自己的假说，并继续进行深入研究，那么这一伟大的发现将永远记载在他的英名之下。

要战胜自卑，首先要树立自信，自信是战胜自卑的最强大的武器。美国幽默作家霍尔摩斯有一次出席一场会议，席间他是身材最为矮小的人。一位朋友脱口而出："霍尔摩斯先生，你站在我们中间，是否有鸡立鹤群的感觉？"

很明显，这个朋友在笑话霍尔摩斯的身材矮小，所幸的是他不是一个自卑的人。他说："我觉得自己像一堆便士里的铸币。铸币面值十分，但比一分的便士体积小。"

有许多人，由于生理缺陷、性别、出身、经济条件、政治地位、工作单位等原因，常常造成自卑的心理。自卑对个人的身心和发展是不利的，也有碍于正常的人际交往。卡耐基对自卑心理做了较为精辟的研究，对如何克服自卑，他有独到的见解。在他的书里有这样一个故事：

凯西·拉曼库萨是一位不幸的母亲，当她的儿子琼尼降生时，孩子的双脚向上弯着，脚底靠在肚子上。凯西·拉曼库萨是第一次做妈妈，只是觉得这个样子看起来很别扭，一点也不知道这将意味着小琼尼先天双足畸形。医生保证说，经过治疗，小琼尼可以像常人一样走路，但像常人一样跑步的可能性则微乎其微。琼尼 3 岁之前一直在接受治疗，和支架、石膏模子打交道。经过按摩、推拿和锻炼，他的腿果然渐渐康复。七八岁的时候，他走路的样子已经和正常人差不多了，几乎看不出他的腿有过毛病。

虽然琼尼走路的样子接近正常人，但是要让他走得远一些，比如去游乐园或去参观植物园，小琼尼就会抱怨双腿疲惫酸疼。邻居的小孩子们做游戏的时候总是跑过来跑过去，毫无疑问，小琼尼看到他们玩就会马上加入进去，跑啊闹啊。他母亲从不告诉他不能像别的孩子那样跑，从不说他和别的孩子不一样，所以他一直和孩子们玩得很高兴。

七年级的时候，琼尼决定参加横穿全美的跑步比赛。每天他和大伙一起训练。他坚持每天跑 4—5 英里。有一次，他发着高烧，但仍坚持训练。他母亲一整天都为他担心。两个星期后，在决赛前的 3 天，长跑队的名次被确定下来。琼尼是第六名，他成功了。他才是个七年级学生，而其余的运动员都是八年级学生。

被医生宣判了不能跑步的琼尼不仅能跑了，而且在他那个年龄来说，成绩相当的优异。这是因为他自小没有为自己不如别人而自卑，相反的他从小就怀有成功的信念。所以说，克服自卑最重要的是要建立信心，充满自信。

每个人由于气质、文化素养及生活环境的不同，脾气、性格都不尽一致。但无论哪种人，自卑都是不正常的心理活动，应及时清除掉。

1. 警惕消极用语

你是不是经常使用一些消极性的自我描述用语？如“我就是这样”“我天生如此”“我不行”“我没希望”“我会失败”等。如果你总是把这些消极用语挂在嘴边，就只能使你更加自卑。把这些句子改成“我以前曾经是这样”“我一定要做出改变”“我能行”“我可以试试”“这次会成功的”，并且要经常对自己说或写下来贴在你房间的床头和书桌上。

2. 弥补自己的不足

每个人都有多方面的才能，社会的需要和分工更是多种多样的。一个人这方面有缺陷，可以从另一方面谋求发展。只要有了积极心态，就可以扬长避短，把自己的某种缺陷转化为自强不息的推动力量，也许你的缺陷不但不会成为你的障碍，反而会成为你成功的条件。因为它促使你更加专心地关注自己选择的发展方向，促成你获得超出常人的动力，最终成为超越缺陷的卓越人士。

3. 用实力证明自己的价值

其实，看一个人有没有价值，根本用不着进行什么深奥的思考，也用不着问别人，有人需要你，你就有价值，你能做事，你就有价值。因此，你可以先选择一件自己最有把握也有意义的事情去做，做成之后，再去找一个目标。这样，每一次成功都将强化你的自信心，弱化你的自卑感，一连串的成功则会使你的自信心趋于巩固。

4. 全面正确分析自己

你不妨将自己的兴趣、嗜好、能力和特长全部列出来，哪怕是很细微的东西也不要忽略。你会发现你有很多优点，并且对自己的弱项和遭到失败的地方持理智和客观的态度，既不自欺欺人，又不将其看得过于严重，而是以积极的态度应对现实，这样自卑便失去了温床。

5. 微笑对抗逆境

人生是变幻的，逆境也绝不会一成不变。也许，今日的逆境，将会造就未来的成功！逆境可以磨炼我们坚毅的品质，并让我们对人生进行深层次的思考。同时，在微笑中我们能吸取失败的经验，轻轻松松地迎接下一次挑战。你可以微笑着告诉自己："一次失败不能证明全部失败，只有放弃尝试才必定失败。"

6. 希望的目标

在这个世界上，有许多事情是我们所难以预料的。我们不能控制机遇，却可以掌握自己；我们无法预知未来，却可以把握现在；我们不知道自己的生命到底有多长，但我们却可以安排好现在的生活；我们左右不了变化无常的天气，却可以调整自己的心情。每天给自己一个希望，让自己的心情放飞，不知不觉中自卑也就随风而去。

不要因处于苦难而绝望

有一位雕塑家带着一个年轻的学生，人们问他：“你的学生也会成为像你这样有名的雕塑家吗？”他说：“永远不可能，他每年都有1万元的固定收入。”因为这位雕塑家知道，只有苦难的环境才能锻炼出人的真正本领，而富裕环境中的人很难靠自己奋斗获得巨大财富。

而穷人如果能做到“穷且益坚，不坠青云之志”，前途则不可估量。为了脱离苦难的境地而奋斗、努力的人最能成为人才。

成功的人大都是因苦难与需要之间的差距而奋发图强的。大商人、大学校长、教授、发明家、科学家、实业家、政治家，大都是为需要之鞭棍所驱策而向前，为想要改善自己的处境而不断向上。

能力是通过与困难抗争而获得的，不去与艰难挫折拼搏而想拥有能耐是不可能的。

从小生活条件优越的孩子像林中的一棵弱树苗，然而在他的生长过程中，也要和其他孩子一样要饱受暴风猛雨的吹打，弱苗和强壮之苗的生存能力显然是不可同日而语的。

当然，经受苦难绝不是成功的必要条件，经受苦难可以锻炼人，只有在这种意义上它才具有积极的作用。而能从苦难中挣脱出来，那才是一件好事，它可以铸造本领并造就伟人。

有一个人生长在一个普通的农民家庭，小时候家里很穷，很小就跟着父亲下地种田。在田间休息的时候，他望着远处出神。父亲问他想什么。他说将来长大了，不要种田，也不要上班，他想每天待在家里，等人给他寄钱。父亲听了，笑着说：“荒唐，你别做梦了！我保证不会有人给你寄钱的。”

后来他上学了。有一天，他从课本上知道了埃及金字塔的故事，就对父亲说：“长大了我要去埃及看金字塔。”父亲生气地拍了一下他的头说：“真荒唐，你别总做梦了！我保证你去不了。”

十几年后，他考上了大学，毕业后做了记者，平均每年都出好几本书。他每天坐在家里写作，出版社、报社给他往家里寄钱，他用收到的钱去埃及旅行。他站在金字塔下，抬头仰望，想起小时候爸爸说过的话，心里默默地对父亲说：“爸爸，人生没有什么能被保证！”

他，就是台湾最受欢迎的散文家林清玄。那些在他父亲看来十分荒唐、不可实现的计划，十几年后他都把它们变成了现实。

林清玄是一个农家子弟，他小时候的梦想甚至受到父亲的嘲笑，但是他为了实现自己的梦想，十几年如一日，每天早晨 4 点就起来看书写作，每天坚持写 3000 字，一年就是 100 多万字。他最终实现了自己的愿望。

应该认为，出身清贫也是机遇；

应该认为，在逆境中长大还是机遇；

甚至可以这样认为，患病有时也是机遇；

应该认为，所有的苦难都可能是机遇，就看你如何对待它。抓住了，骑上它，它可能就是一匹千里马；抓不住，被它踩扁了，它就是一只吃人的野兽。

也许你现在也并未意识到这一点，但事过之后再回想分析时，就会发现很多时候挫折或危机正是大飞跃或大发展的开端。因此，不要简单地认为苦难都是令人讨厌的，应该从不同的角度来思考这一问题。你有理由相信，人生中的每一次经历都具有某种深刻的含义，即使看上去是负面的事情，若是处理得好也会往积极的方向去发展。

如果出生在一个殷实的人家，每天都能过着富足安逸的生活，确实很难产生诸如“我要靠努力取得成功”之类的宏伟目标，更难激发奋斗向上的精神。

相反，在出身贫寒，没有良好的环境或者身体虚弱、疾病不断的孩子们中间，常常产生大实业家或闻名世界的伟人。这正是因为，他们为了摆脱自己不利的处境而产生了勃勃的“野心”，不这样做，他们连生存都很困难。

俗语说得好：“塞翁失马，焉知非福。”什么导致不幸、什么产生幸福，不可预知。因此，即使身处苦难也一定不要绝望，因为苦难里面正孕育着将来甘甜的果实。

瘦鹅的好处

王永庆是台湾著名的塑胶大王，台湾富豪榜位居次席，旗下的“台塑集团”下辖 9 个公司，员工总数超过 7 万，资产总额达 1.5 万亿新台币，进入世界化学工业界“50 强”。王永庆以其坚韧的毅力和独到的管理理念，缔造了一个从白手起家到亿万富翁的神话，被人们尊称为“经营之神”。

还是在王永庆早期经营米店时，他发现了一个现象：由于缺少食物，农民家养的鹅都很瘦小。于是他就四处收购瘦鹅喂养，待鹅长肥后再转手卖掉，赚取了丰厚的利润。从中他也明白了这样一个道理：人在困境的时候就如同一只瘦鹅，必须要忍饥耐饿，坚韧不屈，等待机会的到来，一旦时机成熟或者机会到来，瘦鹅更容易变成肥鹅。

出身贫苦的王永庆，小时就如同一只瘦鹅的处境，生活困苦、举步维艰，他正是凭借困苦中磨炼出来的坚韧意志和坚持不懈地奋斗，最终完成了从“瘦鹅”向“天鹅”的蝶变，也给我们留下了深刻的启示。

上帝是公平的，给了你困苦，同时也赋予了你坚韧的个性。机会是均等的，假如没有机会，你就要靠奋斗去创造机会。王永庆正是正确地面对困境，在磨炼自己吃苦耐劳性格的基础上，努力地去创造机会，并成功地把握住了机会。

童年的王永庆是在贫困中度过的，戴一顶破草帽遮阳，拿一块破布当书包，勉强读完小学就辍学了。15 岁就到米店当了一名小工，只身在外面闯荡，生活困苦可想而知。可就是在这样的困境中，王永庆能够积极地面对，处处留心、努力学习，不断地积累从商经验。在送米的过程中，他注意留心经营窍门，学着讨价还价，第二年就借钱自己开了家小米店。由于诚信经营、服务独到，米店生意越做越红火。此后，王永庆办过碾米厂、砖窑厂、木材厂，虽然都是无疾而终，但是他积累了可观的原始资本和丰富的从商经验，王永庆的命运也随之发生了变化。

50年代初，台湾当局决定利用美援兴建石化工业，生产原料“聚氯乙烯”。当时台湾的其他企业家们觉得前景不明不敢接手，虽然当时的王永庆对该产品也不甚了解，但勇于尝试、善于把握机会的他还是接手了这一业务，被嘲讽为“全台湾最自不量力的人”。试想倘若没有当时涉足塑胶的勇气，或许就没有今天的塑胶大王，这一举动充分显示了王永庆对市场和机会的深刻洞察力。台塑集团能发展至今天，达到年营业额逾千亿元的规模，正是在产品滞销、本地市场狭小的困境中，王永庆努力扩大规模、开辟外地市场，抓住一个个别人看来不是机会的机会，艰难走过来的。

任何人在走霉运时，要学习瘦鹅一样忍饥耐饿，锻炼自己的忍耐力，培养毅力，等待机会到来。只要饿不死，一旦机会到来，就会像瘦鹅一样，迅速地强壮肥大起来。

人，就要像瘦鹅一样忍辱负重，等待时机：凋敝简陋的茅屋里，一个面孔坚毅的男人侧倚在柴草之上，眉头紧锁，将心中的重重思绪深深刻进额前的皱纹里，这个曾经身为越国国君的男人，为不忘国家被灭，自己沦为奴隶的耻辱，每日卧薪尝胆，经过漫长的等待后，在时机成熟的那一刻，终于创下“三千越甲可吞吴”的奇迹。

超越苦难

美国第16任总统亚伯拉罕·林肯（1809—1865），是美国最伟大的总统之一，是一个从种种不幸、苦难中走出来的坚强的人。从一个农民成长为一个总统，林肯付出了常人难以想象的代价……但是他从未停止前进，他以自己独特的领导方式，保全了美国，解放了黑奴，成为美国最伟大的总统之一。有人曾为林肯做过统计，说他一生只成功过3次，但失败过35次，不过第3次成功使他当上了美国总统。

事实也的确如此。而最终使他得到命运的第三次垂青，或者说争取到第三次成功的，完全是他的坚强。在他竞选参议员落选的时候，他就说过："此路艰辛而泥泞，我一只脚滑了一下，另一只脚因而站不稳。但我缓口气，告诉自己，这不过是滑一跤，并不是死去而爬不起来。"

不停地超越苦难，在屡败之后还能屡战的人，是值得我们尊敬的人。谈到"屡败屡战"这一句话，怎么也绕不过晚清的曾国藩。这个进士出身的文人，于1852年奉命回湘办团练，团练初具规模后的前几年，他唯一做得成功的一件事就是只打败仗。

从1854年练成水陆师出征，到1860年兵败羊栈岭，曾国藩可谓一败再败，小的败仗不计其数，大的惨败就有四场：1854年湘军初征就在岳州被太平军打得落花流水；1855年在江西鄱阳湖全军覆灭，连自己的座船也被抢走；1858年，部将李续宾率部血战三河镇，6000兵勇无一生还，三湘大地处处缟素；1860年，李秀成破羊栈岭，曾国藩在60里外的大营中写好遗书、帐悬佩刀，以求一死，好在李秀成主动退兵。

就像凤凰从烈火中涅槃重生，这个被满族大臣们讥笑为“屡战屡败”的常败将军曾国藩，最终用他“屡败屡战”的勇气与决绝，打到南京，用行动证明了自己是一个强者。

能不费多大曲折就能成功的事，算不上大事。举凡强者，必有异于常人之大事业。而世间能称之为大事的事，岂可轻而易举？好事多磨，不经过九曲十八弯，没有“屡败屡战”的勇毅，几乎没有可能成为强者。

奇迹中的幸运儿

在现实生活中，我们常常可以听到很多人总是抱怨，“为什么我是天底下最不幸的人？”“为什么苦难总是来找我？”“厄运为什么不降到别人身上？”等等。其实，厄运并不是只降临到你一个人身上，别人也是一样的。在这个世上，每个人都不可能是永远的幸运儿，都遭遇过厄运。

当厄运降临时，是选择“就此放弃”，还是选择“迎接挑战”，就在一念之间。只有坚定信念，才能驱除厄运的阴霾，重新收获辉煌。那些成功者为什么能成功？就是因为他们明白当厄运降临时，如果选择“就此放弃”，他们的一生都将会从放弃的那一刻起开始沉沦，并终生一事无成。所以为了取得成功，他们的选择就是：张开双臂，迎接挑战。

被誉为“美国无产阶级文学之父”的杰克·伦敦，就是一位厄运造就的伟大作家。

1876 年，杰克·伦敦出生在加利福尼亚州一户破产农民家庭里。在他 10 岁左右时，厄运降临了——父亲破产失业，使原本贫穷的家庭更加贫穷。从那时起，他便不得不分担家里生活的忧愁。他走街串巷当报童，到车站卸货车，到滚球场帮助人竖靶子……总之，为了生存，他什么都干，把挣来的每一分钱全部交给家里。正如他后来所说：“差不多在早年的生活中我就懂得了责任的意义。”对于那个年龄阶段的孩子来说，他是一个不幸的人。

14 岁，杰克·伦敦小学毕业，进了一家罐头厂当童工。后来又到麻纱厂看机器，到发电厂烧锅炉。在工厂里，他饱尝了资本主义制度下童工生活的苦难：每天在非人的条件下工作十八九个小时，直到深夜11点才能拖着疲劳不堪的身子回家。后来，他在回忆这段生活时，愤慨地说："我不知道在奥克兰一匹马该工作多少钟点？"他说自己成了"劳动畜牲"。这发生的一切，对于一个孩子来说都是不幸的。但是，他也只有接受命运给他的不幸。

1893年，杰克·伦敦17岁时，受雇到一条小帆船上当水手，动身到日本海和白令海去捕海狗。海上的生活更是苦不堪言。可是，这次航海却增加了他的见闻，也磨炼了他的意志，成了他后来写作一系列海上故事的生活基础。不久，他因为"无业游荡"被捕入狱当苦工。又一次的不幸发生在他身上。

杰克·伦敦出狱以后，刻苦自学。但由于家里一直太贫穷，他直到18岁才上中学。紧接着，又因为生活维持不下去中途退学。1896年，他20岁时，靠自修考上了加利福尼亚大学，可是，只读了一个学期，便因缴纳不起学费退学。失学后，他一面在洗衣店做工，一边开始业余写作，希望用稿费来弥补家用。可是，当时稿费不仅低，而且时常拖欠。有时候，他为了马上得到稿费，甚至要跑到杂志社与出版商干上一架。

后来，杰克·伦敦又随众人到遥远的阿拉斯加去当淘金工人。他历经千辛万苦，由于缺乏营养，劳累过度患了坏血病，几乎使他下肢瘫痪。但是，北方壮丽的自然景色，淘金工人的苦难生活，印第安人的悲惨遭遇，却给他的文学创作提供了丰富的素材。《渴望生存》便是收获之一。

苦难的刺激与磨炼，使杰克·伦敦成为一个具有特殊气质的作家。成为职业作家后，他16年如一日，每天工作19个小时，一共写了50本书，其中仅长篇小说就有19部。他的作品一开始就坚持现实主义的原则，充分表现人的生命的伟大，人同困难的斗争，人处于各种逆境中的反抗，给20世纪初的文坛带来一股生气勃勃的力量。

厄运使人变得更加坚强、更富有智慧。把自己的失败归罪于命运和运气的不佳，是弱者的表现，在激烈的竞争中，最有价值、最宝贵的东西常常隐藏在厄运中，等待你去发现和获得。在任何情况下，我们可能会遇到这样或那样的不顺，这是任何人都无法预测的。面对厄运，优秀者会勇敢接受，绝不轻言放弃，因为他们能够看见隐藏在厄运背后的机遇。正如杰克·伦敦一样，具备了比他人更能勇于接受挑战的素质，自然比一个遇到厄运就丧失信心的人更有优势，更易获得成功。

厄运是生活中的阴雨，冰冷、无情、令人难受，但它滋润着百合、玫瑰、椰枣和石榴。谁知道你经历了火烤冰冻的磨难之后会取得什么样的成就？风暴之后就是沙漠也会开花。厄运与幸运是并存的。只要坚信：从绝望中寻找希望，失败才会有一线转机。世间万事皆有因，只有不断地去努力、克服，把握每一次机会就能使我们的命运由坏变好，由厄运变幸运。

人生路上，我们要相信厄运之后就会见幸运。勇于挑战厄运，再加上努力的行动，厄运就会对你无可奈何，而幸运就会经常光顾于你。

塞翁失马，焉知非福

很多人丢了东西，我们通常会安慰，破财免灾。找回来当然可以弥补失去的沮丧和悲伤，找不回来也不能总停留于遗憾和悲痛。

失去未必不是一种得。

丢了自我，找回来的还是自己吗？也许不是。迷失里，你改变了自己，或者已被改变。

博客里我丢了一位朋友，我找不到他，怀念他的也就剩下历史的文字可以留恋。重要的不是他去了哪里，而是他的文字去了哪里？

他是幸运的，如果没有丢失，他现在也不会开辟另一块属于自己的田地。人总得有个窗口，即便你关闭了他所有的门和窗，他还有通往内心的通道。

我喜欢老子，他可以给人最人性的思维变通。人性的脆弱是太害怕失去，所以拼命维护，其实对于失去的作为都是多余的。失去之后应该清楚，没有人能代替得了你的悲伤，逃避和过于沉沦都是不现实的。

失去是一种幸运，这种失去如果是不能避免的，那就索性放手。因为当你能主动选择的时候绝对不要等到被动接受。有个性的人总是先发制人。

从前有一个老人，家里有两棵梨树，每年都能产很多梨，卖掉以后作为全家的生活费用，一家人靠着这两棵梨树的收成就能过活。

老人岁数大了，身体越来越不行了，临死之前，他把两个儿子叫到一起，对他们说：“我也没给你们留下什么财产，就这两棵梨树，你们两人一家一棵，好好养护它，足够你们的生活所需了。”

老人去世后，两个儿子分家了，各自靠着一棵梨树继续过着安定的生活。但有一年，老二的梨树发生了病虫害，用了各种方法也无济于事，那棵梨树最后还是枯死了。

老二媳妇痛哭失声，老二劝她说："哭什么啊，树虽然没了，但人是活的，我们可以到城里去寻找出路，也许还能过上更好的日子呢！"

老大媳妇看到老二家的树死了，就对别人说："还是俺家老大命好，俺家的树还好好的！"言词中充满了得意。

老二告别了老大，带着老婆孩子进城找出路去了。他们到城里后，先租了个房子住下来，然后老二出去打工，在一家包子铺给人干零活，老婆在家里带孩子。老二是个很有头脑的人，他一边打工，一边学着做包子，并观察包子的市场行情。一年之后，他把做包子的技术学会了，而且手里有了点积蓄，就离开了那家包子铺，和老婆一起在街上开了一家很小的包子铺。由于他很会经营，所以生意很好。半年以后，他扩大了经营，又开了家大的包子铺。这样经过几年的苦心经营，他的生意越来越红火，成了腰缠万贯的富翁。

又过了两年，老二带着老婆孩子回老家看望哥哥，哥哥还守着那棵梨树过日子呢。看到老二发了财回来，老大媳妇叹息着对别人说："唉，当初枯死的如果是我家的树，那现在我们也能过上吃山珍海味穿绫罗绸缎的日子了！"

生活就是这样，许多时候，我们要面对一些失去，但失去并不意味着失败，有一些失去，会让我们获得更多的回报。得与失从来都是平衡的，有所失才会有所得。

失去了江河的宽阔，得到的是大海的万顷碧波；失去了土丘的错落，得到的是高山壮丽的巍峨。失去，也许是一种幸运，因为它会成为另一种生活的开始，让你因此而改变命运，改变人生。花草的种子失去了在泥土中的安逸生活，却获得了在阳光下发芽微笑的机会；小鸟失去了几根美丽的羽毛，却经过跌打，获得了在蓝天下凌空展翅的机会；人生总在失去与获得之间徘徊。没有失去，也就无所谓获得。况且——失去本身也就是一种获得。

背着沉甸甸的行囊在沙漠中行走的淘金者，开始往往把身上所有的东西当作自己生命的重量。但是当他被这严酷的环境拖得筋疲力尽的时候，如果不选择放弃一些物品，那么最终会被沙漠埋没。失去了一些所谓重要的物品，却获得了一身的轻松，这种失去难道不是一种获得吗？

为了收获，我们就不要惧怕失去。因为失去也许是一种幸运。

某一天，上帝宣旨说，如果哪个小泥人能够走过他指定的河流，他就会赐给这个泥人一颗永不消逝的金子般的心。一个小泥人倔强地将一只脚踏进了河里。泥人怎么能够过河？这样简单的道理他怎么会不懂？但是他选择了这痛苦的失去。在艰难的旅程中，他体验了不可言状的痛楚。他想过退却，而每当他认为自己要坚持不住时，总有什么东西使他能够坚持到下一刻。最终，他虽然失去了自己的身体，失去了安稳的生活，却终于获得了一颗金灿灿的心。

人生也是这样。在人生的路途中，我们每个人都会有一个目标，一个属于自己的象牙塔。然而在通往象牙塔的路上，会有许许多多的诱惑。譬如争奇斗艳的鲜花，绚丽迷人的景色等。为了到达象牙塔，我们必须越过这一道道障碍，放弃路边的美景。因为象牙塔里，会有更精彩的人生等着我们去体验。

汪国真说：“我喜欢出发。”为什么呢？他解释道：“到达了的地方，都属于昨天。哪怕那山再青，那水再秀，那风再温柔。太深的流连便成了一种羁绊。绊住的不仅有双脚，还有未来。”不能放弃自己曾经的荣耀的人，在以后的日子里，也不会有再大的成就了。

失去了夜空里的星星，我们还可以得到蔚蓝的天空；失去了春的百花盛开，我们还可以得到秋的硕果累累；失去了一份背井离乡的工作，我们又可以重新得到家的温暖……上帝是公平的，他在让你失去之前，已经想好了安慰你的方法。所以，不论你失去了什么都不要伤心失望，因为失去也是一种获得，也是一种幸运。

定律 6

艺术是精神和物质的奋斗

感悟生命的意义

我们每个人都有造就的生活方式，拥有完整的自己。我们享受生活，即使不快乐，即使生活的空间很狭隘，也不必羡慕别人的美丽花园。因为你也有自己的乐土，只要你用心耕耘，眼前的这片花圃，终会有花团锦簇、香气四溢的一天。

一个集会上，有数百人从各地应邀出席，这些人都在过去一年里创下了100万美元以上的优良业绩，公司特别举办这次集会来褒奖他们。

出席者中有人很干脆地说："我获得成功并不是靠自己，完全是我妻子的功劳。是她把我从失败者心理中拉出来的。"

站在他身边的妻子说："我的丈夫本来就相当优秀，我所做的只是让他想起自己真正的能力和形象而已。"他们给我们讲述了自己的故事。

她的丈夫过去不相信自己，他对自己的能力没有信心，不相信自己的力量，低估了自己的能力。

有一天，他在早餐时和过去一样悲观地发牢骚，妻子认真地反驳道："请你听我说，每天听你发牢骚我已疲倦了。我了解你，你是个优秀的人才，但每次都自己欺骗自己。够了，我已经厌烦你悲观的论调了。如果这是事实那我也只好忍耐，但两者都是谎言，请你不要再说了。"

丈夫想阻止妻子数落，但妻子还是继续说下去。

"我话还没说完。我是爱你的，我很了解你，也相信你。所以我不准备默默地看着你因为无用的自卑感使自己成为庸才。像个男子汉那样和自己决战吧！以后如果你再说消极的话，我一个字也不听了。"

她一连串地说完这些才停了下来。

她的话打动了丈夫的心。他知道妻子说的是对的。为了不再说消极的话，他不得不改说积极的话。慢慢地，他自然开始做积极的思考，进而开始积极行动了。

经过努力再努力的结果，他终于获得了成功。

因此他被邀请参加这次集会，我们就在那里相遇。他搂着妻子的肩，很荣耀地看着她说：“能有一个了解我，能激发我的潜能的妻子，实在是太幸运了。”

很多有目标、有理想的人，他们工作、奋斗的同时常常觉得过程太艰难而产生倦怠、泄气的情绪。到后来他们发现，如果他们能再坚持久一点，如果他们能更向前瞻望一下，他们就会得到好的结果。

你听过海耶士·钟士令人兴奋感动的事迹吗？他是 1960 年高栏比赛的风云人物，他赢得一场又一场的比赛，打破了许多纪录，可谓轰动一时。这些傲人的成绩使他顺理成章地被选为参加当年在罗马举行的世运会的选手。他参加 110 米高栏赛，全世界都认为他能赢得金牌。

但是出乎意料地，他并没有得到金牌，只跑了个第三名。取得这个成绩后他的第一个想法是：“怎么办呢？”“我或许该放弃比赛”“但是要过四年才会有世运会”。在所有人看来，他已经赢得所有其他比赛的高栏冠军，何必再受四年更艰苦的训练？所以摆在他面前唯一合理的路就是忘掉比赛，开始在事业上寻求发展。

这当然非常合乎逻辑，但是海耶士·钟士却不能安于这种想法。“对自己一生追求的东西，”他说，“你不能够事事讲求逻辑。”因此他又开始了训练，一天三小时，一个星期七天。在尔后的几年里，他又在 60 码和 70 码高栏项目创造了一些新纪录。

1964 年 2 月 22 日，在纽约麦迪逊广场花园，钟士参加 60 码高栏赛。赛前他曾经宣布这是他最后一场参加室内比赛。大家的情绪都很紧张，每个人的眼睛都看着他。他赢了，平了自己以前所创的最高纪录。然后一件奇怪的事发生了。在那个时候的老麦迪逊广场花园，赛手跑过终线以后，就转进一个弯道，观众看不见。钟士跑完，走回跑道上，低头站了一会儿，答谢观众的欢呼。然后 17000 名观众都起立致敬，钟士感动地泪下，很多观众也流下眼泪来。一个曾经失败的人能够抛掉已有的荣誉，永不放弃自己，不断追求卓越的精神感动了在场的每个人。

他参加 1964 年东京世运会，在 110 米高栏跑出 13.6 秒的成绩，得了第一，这一次，他终于用自己的实力证明了自己，最终取得了冠军。

后来他在一家航空公司工作，担任业务代表。

他自愿协助推展所在城市的体能训练计划，他的活动得到极为了不起的成果。

有一次，他对一群年轻人演说，引诵了加拿大作家塞维斯的诗句：

恳恳不倦会为你赢得胜利，临阵脱逃不是好汉。

鼓起勇气，放弃毕竟是太容易，

抬头继续前进才是难题。

为你受打击而哭泣——而死亡也是太容易；

撤退、爬行也容易但是在不见希望时却要战斗再战斗——这才是最好的人生之戏。虽然你经历每一场激战，浑身是伤、是痛，但是再努力一次——死亡毕竟是太容易，继续抬头前进，继续抬头前进，才真不容易。

人生的进步与成功，正是因为有了这种不断进取的精神，这种永不停息的自我推动力，才激励着人们向自己的目标前进。对这种激励的需要是我们人生的支柱，为了获得和满足这种需要，我们甚至愿意以放弃舒适和牺牲自我为代价。

永不放弃、不断进取是激发人们抗争命运的力量，是完成崇高使命和创造伟大成就的动力。一个有进取心的人，就会像被磁化的指南针那样显示出矢志不移的神秘力量。

正是因为有着不断进取的精神，埋在地里的种子才能破土而出，不断地向上生长，向世界展示美丽与芬芳；正是有了这种精神，人类才得以去更好地完善自己，去追求完美的人生。

自己的一生奔赴在与你相遇的路上

热忱是发自内心的一种情绪，经常会被一些人表现在眼睛里或行动上。热忱是一个人对所做事情的感觉和兴趣。一个人对工作没有热忱，那就不能体会到劳动的快乐，也就不能在事业上取得成就；一个人对生活缺乏热忱，就不会以一颗感恩的心来看待生活中的种种美好。要知道，只有以充满热忱的态度来工作、生活，才能给自己赢得更多的机会，收获更多。

一个寒冷的晚上，2500 名青年男女涌进了纽约市宾夕尼亚体育馆的大舞厅。六点半，大厅内已座无虚席了，到了八点，大厅被挤得满满当当。

这些人劳累了一天，他们晚上来这儿干什么？

原来他们前来是为了倾听最新、最实用的课程《有效地讲话并在工作中影响他人》的第一讲，这是由“戴尔·卡耐基言语技巧和人际关系协会”举办的课程。

与此同时，人们正在争相传阅戴尔·卡耐基的《影响力的本质》一书。

在其后的 24 年里，纽约市每天都要开设这种课程，听卡耐基演讲和接受该课程培训的人多达 15 万，甚至连威斯汀豪斯电气公司、麦道公司等一些保守的公司也派出管理人员接受培训。

戴尔·卡耐基获得了巨大的成功。

有人问卡耐基，他是如何取得如此大成就的。他微笑着说：“除了掌握了大量的知识和技巧以外，最重要的是，我热爱我的事业，我热爱我的听众。”

卡耐基表现了他的热忱。热忱是发自内心的激情，如果一个人身上激情洋溢，那么他就是一个有吸引力的人。卡耐基的成就来自热情的追求，卡耐基的课程也把热忱作为最基本的一课。他用他的热忱感染着他的学生。

卡耐基在课堂上比较喜欢这样一句名言："我愈老愈能感觉到热忱的感染力，成大事的人和失败的人在能力上差别并不大，但正是由于各方面条件相近，热忱就显得尤为重要了。热忱的人有信心和勇气去克服困难。"

卡耐基在他的备忘录中这样写道："我说的热忱，是一种内在的精神实质，它深入到人的内心，任何不是发自内心的热情，那都是虚伪的表现……只要你充满了对别人的爱，你就会兴奋，你的眼睛，你的大脑，甚至你的灵魂都充满了激情，这种激情可以感染别人，鼓舞别人。"

对生活充满热情的人都有着积极的心态、积极的精神状态。在人群当中，热情是用一种极富感染力的表达方式来表示对别人的支持的。热情的人，往往是积极的人。热情不是来自外在空间的力量，而是自信、乐观、激情在人的内心激荡，最后有机地综合而来的。

剑桥世界第一名女性打击乐独奏家伊芙琳·格兰妮说："从一开始我就决定：一定不要让其他人的观点阻挡我成为一名音乐家的热情。"

伊芙琳成长在苏格兰东北部的一个农场，八岁时就开始学习钢琴。随着年龄的增长，她对音乐的热情与日俱增。但不幸的是，她的听力却在渐渐下降，这是由于难以康复的神经损伤造成的。医生断定在她十二岁时将彻底耳聋，但她对音乐的热爱却并没有因此而停止。

伊芙琳的目标是成为一名打击乐独奏家，虽然当时并没有这么一类音乐家。但她却并不因此退缩，而是坚持勤奋苦练，并学会了用不同的方法"聆听"其他人演奏的音乐。她只穿长袜演奏，这样她就能通过身体和想象来感觉到每个音符的震动，她几乎用她所有的感官来感受着她的整个声音世界。

她决心成为一名音乐家，而不是一名耳聋的音乐家，于是她向伦敦著名的皇家音乐学院提出了申请。

因为以前从来没有一个聋学生提出过申请，所以一些老师反对接受她入学。但是她的演奏征服了所有的老师，她顺利地入了学，并在毕业时荣获了学院的最高荣誉奖。

从那以后，她的目标就是致力于成为第一位专职的打击乐独奏家，并且为打击乐独奏谱写和改编了很多乐章，因为那时几乎没有专为打击乐而谱写的乐谱。

至今，她作为独奏家已经有十几年的时间了，因为她很早就下了决心，不会仅仅由于医生诊断她完全变聋而放弃追求，因为医生的诊断并不意味着她的热情和信心不会有结果。

爱默生说："缺乏热忱，难以成大事。"成功与其说是取决于才能，不如说取决于人的热忱。热忱可以分享、复制，它是生命中一种最巨大的奖励，带来精神上的满足。也是一种分给别人之后反而会增加利润的资产。

热忱是一个人难得的品质，它不仅是人取得成功的法宝，也能让一个人战胜苦难，成就梦想，不仅如此，有时它甚至是人取得事业成功的关键所在。

有一次，某外国公司老总请教一位友人——纽约中央铁路公司总裁费德烈·威廉森，问他挑选高级干部是不是主要看能力。因为一般人都会认为，事业的成败主要取决于这些人的能力。但这位友人的回答听起来却让人有些惊奇。"成功者与失败者，他们的能力与聪明才智其实差异不大，"费德烈·威廉森说，"如果两个人各方面条件都相近，那么，更热情的那一位一定能更快达到成功。"

"一个人能力平庸但是很热情的人，往往会胜过能力出众却缺乏热情的人。一方面，他的热情能弥补能力的不足；另一方面，只要有热情，他一定会努力工作、勤奋学习，从而提高自己的能力。因此，在挑选人才时，我对是否足够热情的重视甚至高于对能力的重视。"

无论是谁，心中都会有一些热忱，而那些渴望成功的人们的内心世界更像火焰一样熊熊燃烧，这种热忱实际上是一种可贵的能量。即使两个人具有完全相同的才能，必定是更具热情的那个人会取得更大的成就。

美国著名社会活动家贺拉斯·格里利曾经说过："只有那些具有极高心智并对自己的工作有真正热忱的工作者，才有可能创造出人类最优秀的成果。"

萨尔维尼也曾经说过："热忱是最有效的工作方式。如果你能够让人们相信，你所说的确实是你自己真实感觉到的，那么即便你有很多缺点别人也会原谅。

最重要的是，要学习、学习、再学习。你一定要努力，否则，再有才华也会一事无成。我自己就是这样，有时为了彻底把握一个细小的环节不得不花上数年的时间。”

一个没有热忱的人不可能始终如一、高质量地完成自己的工作，更不可能做出创造性的业绩。如果你失去了热忱，那么你永远也不可能从不利的环境中走出来，永远也不会拥有成功的事业与充实的人生。所以，从现在开始，对你的人生倾注全部的热情吧！

坚持到底

从前，有三只很不幸的青蛙同时摔到了一个牛奶桶里。

第一只青蛙在桶里游了一圈，发现根本没有出路，就放松四肢，等待死亡。

第二只青蛙在桶里游了两圈，发现找不到出路，在桶中呱呱大叫，希望有人来救援。

第三只青蛙在桶里游了三圈，发现没有出路，它又潜入桶底，发现也没有出路，但是它发现桶是倾斜的，于是在较低的那一面拼命地跳跃。跳了又跳，跳了再跳，一跳再跳，它终于踩到了一小块凝结的乳酪，最后一跃，它成功地跳出了牛奶桶。

可以这样说，第一只青蛙经不起任何挫折，一遭遇困难就丧失了斗志，永远不会成功；第二只青蛙虽然求生的能力不强，但它至少还懂得“呱呱大叫”，也许还有一点希望；最聪明的要算是第三只青蛙了，它不畏逆境，在逆境里不气馁，不轻易放弃生命，坚信自己能成功，并不停地努力奋斗，最终获得成功。它靠的是什么？靠的就是坚持不懈！

是的，人处逆境在所难免，只要坚持不懈，总会看到希望的春天。像第三只青蛙一样通过自己的拼搏，最终突破逆境的事例很多，下面这位拳击手就是很典型的一例：

20 世纪 70 年代，是世界重量级拳击史上英雄辈出的年代，4 年来未登上拳台的拳王阿里，此时体重已超过正常体重 20 多磅，速度和耐力也已大不如前，医生给他的运动生涯判了死刑。然而，阿里坚信精神才是拳击手比赛的支柱，他凭着顽强的毅力重返拳台。

1975 年 9 月 30 日，当 33 岁的阿里与另一拳坛猛将弗雷泽第三次较量（前两次一胜一负）进行到第 14 回合时，阿里已精疲力竭，到了濒临崩溃的边缘，这个时候一片羽毛落在他身上也能让他轰然倒地，他几乎再无丝毫力气迎战第 15 回合了。然而他拼着性命坚持着，不肯放弃。

他心里清楚，对方和自己一样，也是只有出的气了，比到这个地步，与其说在比气力，不如说在比毅力，就看谁能比对方多坚持一会儿了。他知道，此时如果在精神上压倒对方，就有胜出的可能。

于是，他竭力保持着坚毅的表情和誓不低头的气势，双目如电，令弗雷泽不寒而栗，以为阿里仍存着体力。这时，阿里的教练邓迪敏锐地发现弗雷泽已有放弃的意思，他将此信息传达给阿里，并鼓励阿里再坚持一下。阿里精神一振，更加顽强地坚持着。果然，弗雷泽表示俯首称臣，甘拜下风。裁判当即高举起阿里的臂膀，宣布阿里获胜。这时，保住了拳王称号的阿里还未走到台中央便眼前漆黑，双腿无力地跪在了地上。弗雷泽见此情景，如遭雷击，他追悔莫及，并为此抱憾终生。

在最艰难，也是最关键的时刻，阿里坚持到胜利的钟声敲响的那一刻，成就了他辉煌人生中的又一个传奇。

人生就是如此，任何通向成功的道路都布满了荆棘，充满了数不清的艰难与困苦，辛酸与煎熬。在奋斗的征程上，有的人只走了几步便回头了，成为一个哀怨忧愤的小人物，湮没在茫茫人海中；有的人走得稍远一点，但是也未能坚持下来，因为多次的失败令他焦头烂额，心力交瘁，于是打了退堂鼓；有的人走得更远一些，他甚至走到了离成功只差很小一步的地方，正如拳台上与阿里对峙的弗雷泽一样。而此时必定是一个人一生中最关键的时刻，这个时候，就全凭一股不甘失败不愿放弃的超强意志来继续向前走了。如果你想要建功立业的豪情没有退却，激情也没磨光，热情也没消解，气力也就不可能全部耗尽，只要坚持就有可能看到胜利的曙光。但有许多人偏偏在最不该放弃的时刻，信念轰然倒塌，意志全线崩溃，相信了错觉，以为自己不可能成功，于是便投降了、放弃了，结果前功尽弃，本来唾手可得的成功便真的不属于自己了。等到某个时候，他猛然醒悟：原来自己曾经离成功那么近，近得只隔了0.1微米，只要再坚持一下，哪怕一个瞬间，自己就是人皆向往的成功者了，然而遗憾的是，现在成功已经属于别人了，属于意志比自己更坚定的强者，留给自己的只有无尽的悔恨。

丘吉尔说过这样一句话：成功的秘诀就是：坚持坚持再坚持！世上所有的成功，都产生于再坚持一下的努力之中。

我们再看这样一个故事：

古老的阿拉比王国坐落在大漠深处，多年的风沙肆虐，使昔日富饶的城市变得满目疮痍，城里的人越来越少。国王意识到了危机。

一天，国王将四个王子召集到一起，对他们说："我打算将国都迁往美丽而富饶的卡伦。卡伦离这里很远很远，要翻过许多崇山峻岭，要穿过草地、沼泽地，还要涉过很多大河，但离这里究竟有多远，没有人知道。"国王看了看他们继续说，"我决定让你们四个分头前往探路。"

四个王子都惊异于国王的决定；但他们还是服从了命令，带上充足的物品出发了。

大王子乘车走了八天，翻过四座大山，来到一望无际的草地，他一问当地人，才知过了草地，还要过沼泽，还要过大河、雪山。他想到路途如此艰难和遥远，于是停止了前进。

二王子策马穿过一片沼泽后，被一条宽阔的大河挡住了去路，望着奔涌的河水，他也掉转了马头。

三王子漂过了两条大河，却又走进了一望无际的大漠，在茫茫的沙漠中，他茫然不知所措，于是开始搜寻着回来的路。

一个月后，三个王子陆陆续续回到国王身边，将各自沿途所见报告给国王。并都再三特别强调，他们经历了很多艰难，也在路上问过很多人，也都告诉他们去卡伦的路很远很远。

又过了六天，小王子风尘仆仆地回来了，他兴奋地向父亲报告——到卡伦只需18天的路程。

国王满意地笑了："孩子，你说得很准，其实我早就去过卡伦了。"几个王子不解地望着国王——那为什么还要派我们去探路？

国王一脸郑重地说道：“我只想告诉你们四个字——脚比路长。只要坚持，就没有到不了的地方。”

其实，许多人在逆境面前，像前面的三位王子一样，开始也是咬紧牙关坚持，然而没有多久就放弃了，为什么呢？因为他们没有必胜的信念，更缺乏坚强的意志，他们在逆境的海洋中一旦失去了目标，找不到新的出路，为此他们只能选择退却，承受失败。

所以说，坚持是成功的良好品质之一，任何时候你都要问问：你坚持到最后了吗？

一切皆有可能

要想成功，就必须克服恐惧，乐观地面对艰难，不懈地努力工作。

克里蒙·斯通说，他成功的奥秘是“积极人生观”在激励着他。

斯通童年时家在芝加哥南区，他曾卖过报纸。斯通卖报时，有家餐馆把他赶出来好几次，但他还是一再地溜进去。那些客人见他这样勇敢非凡，便劝阻餐馆的人不要再踢他出去。虽然，他的屁股被踢得很疼，口袋却装满了钱。

这事从此令他深思：“哪一点我做对了呢？哪一点我做错了呢？下次我该怎样处理同样的情形呢？”他一生中都在这样问自己。

斯通很小时父亲就去世了，由母亲抚养长大。他母亲对他事业发展方向的形成有着很深的影响。

斯通的母亲替人缝衣服，干了好几年，存了一点钱。还在斯通十几岁的时候，她就把钱投到底特律的一家小保险经纪社。这个保险经纪社替底特律的美国伤损保险公司推销意外保险和健康保险：每推销出一笔保险，它就收到一笔佣金——它唯一的收入。

它仅有的财产是一间租来的、积满灰尘的小办公室。推销员只有一个人，那就是斯通的母亲。她第一天一点成绩也没有。然后，她来到底特律最大的银行，一位高级职员买了保险，又准许她在大楼里自由走动，结果那天共有 44 个人向她买了保险。

斯通是由母亲引入推销之门的，利用假期，他开始了他的推销工作。虽然一开始推销工作不是很如意，甚至可以说是失败的，但在了解自己和推销方法后，他收获不小。重要的是，他知道他有克服恐惧的勇气，而且他还想出了克服恐惧的技巧。

第二天，他卖出了 4 份保险。第三天，6 份……他的事业开始了。

那个假期及后来放假的日子里，他继续替母亲推销健康保险和意外保险。他居然创造了一天 10 份的好成绩，后来一天 15 份，20 份。他分析自己：为什么成功了？他终于发觉，是“积极人生观”在鼓舞自己。

他当时还是个中学生，但每天赚的钱已经比校长的还要多，因此他办了退学手续。不过他后来还是把中学的课程补完，拿到了文凭；他还进了大学法律系，但却没有念完。

他走遍了密歇根，每天的平均纪录是 30 份，在有些城市达 40 份。不管怎么说，他的“积极人生观”的确是相当有效的。

20 岁的时候，他搬到芝加哥，开了一家保险经纪社——联合登记保险公司，全社只有他一人。他决心使这个公司办得跟它的名称一样响亮。开业的第一天，他销出了 54 份保险。开业大吉，斯通信心十足。然后开始在其他地区扩展，事业一天天兴旺起来。居然在有一天，创造了 122 份的纪录！经过了 4 年的自我训练、自我策励之后，他达到了几乎是不可能达到的目标。

更可喜的是，以前买了保险的人，到期又要求继续下去，不必再花力气，佣金源源而来。

36 岁那年，克里蒙·斯通成了一名百万富翁。

他觉得也许该自己组织个保险公司。他找到了一个似乎十全十美的计划。一度很赚钱的宾夕法尼亚州伤损公司因经济恐慌停业了，公司的拥有者欲以 160 万元的价格把它出售。斯通感兴趣的是它的潜在价值——它拥有 35 个州的营业执照。第二天，他就前往巴尔的摩去找商业信托公司的人——伤损公司的拥有者。

“我要买你的保险公司。”

“好的。160 万块钱，你有这么多钱吗？”

“没有。但是我可以借到这笔钱。”

“跟谁？”

“跟你们。”

在几度唇舌交锋以后，商业信托公司还是同意了。

它成了今天克里蒙·斯通王国的一个基础。当初的小保险公司一步一步变成了今天巨大的美国联合保险公司，现在它的经营区域不仅美国有，还延伸到国外。

乐观地面对艰难，人生就没有什么不可能。不管我们遇到什么问题，碰到什么困难，只要有一颗乐观的心，勇于面对现实，就会从中发现机会。

坚定信念

一个孩子与父亲一起来到一个小农场。孩子在玩耍时发现几棵无花果树中有一棵已经死了。它的树皮已经剥落，枝干也不再呈暗青色，完全枯黄了。孩子伸手碰了一下，只听“吧嗒”一声，枝干折断了。

孩子对爸爸说：“爸爸，那棵树早就死了，把它砍了吧！我们再种一棵。”可是爸爸阻止了他。他说：“孩子，也许它的确是不行了。但是，冬天过去之后它可能还会萌芽抽枝的——它正在养精蓄锐呢！记住，孩子，冬天不要砍树。”

果然不出父亲所料，第二年春天，那棵好像已经死去的无花果树居然真的重新萌生新芽，和其他树一样在春天里展露出生机。其实这棵树真正死去的只是几根枝杈，到了春天，整棵树枝繁叶茂，绿荫宜人，和其他的伙伴并没什么差别。

那个昔日的孩子后来成了一名小学教师。在他 20 多年的教学生涯中，他不止一次地遇到类似的情形。小时候背起字母来都结结巴巴的皮埃尔，现在竟成了一位小有名气的律师；而当年那位最淘气、成绩差得一塌糊涂的巴斯克，后来是大学的优等生，毕业生自己创办了一家红火的公司。

最不可思议的是自己的儿子布朗。他幼时不幸患了小儿麻痹症，几乎成了废人。可是小学教师记住了爸爸的话，不放弃对儿子的希望，一直鼓励他不要灰心丧气。现在，布朗顺利地完成了大学课程，担任了公共图书馆的管理员。要知道，布朗只有左手的 3 个手指能动弹，就是扶一扶鼻梁上的眼镜也十分困难！

“冬天不要砍树”这句话一直鼓舞着当年的那个小男孩，每每遇到让他沮丧伤怀的事，他都靠着这句话顺利地度过了一个又一个家庭和事业上的危机。只要不轻易放弃，凡事都有转机。

困境的时候，把自己当作冬天的枯树养精蓄锐，积蓄力量。要明白困难和挫折只是一时的寒冬，只要坚持就能等到转机。

困苦的强大

有一天，园丁在菜园子里浇水。一个过路的人走上前，向他请教：“你瞧那些野菜，既没有人去种它们，也没有人去管它们，可它们都长得生机勃勃，而人们栽种的蔬菜却常常枯萎。你说这是为什么呢？”

园丁不假思索地回答说：“其中道理很简单，过路人，这是因为前者有上帝的庇护，而后者却是人工培育的，经不起雨雪风霜。”

要做野外的参天大树，不要做温室里的花朵。

“舜发于畎亩之中，傅说举于版筑之间，胶鬲举于鱼盐之中，管夷吾举于士，孙叔敖举于海，百里奚举于市。故天将降大任于斯人也，必先苦其心志，劳其筋骨，饿其体肤，空乏其身，行拂乱其所为，所以动心忍性，曾益其所不能。人恒过，然后能改；困于心，衡于虑，而后作；征于色，发于声，而后喻。入则无法家拂士，出则无敌国外患者，国恒亡；然后知生于忧患而死于安乐也。”

这是《孟子·告子下》的一篇，其大意是这样的：

舜是从干农活起家而当天子的，傅说是在筑墙的工人中被举用为相的。胶鬲是从贩卖鱼盐的商贩里被举用的，管夷吾是从狱官看管的囚犯中被举用的，孙叔敖是在海边被举用的，百里奚是在市场上被举用的。所以上天要把重任交给某个人时，一定先使他的心志困苦，使他的筋骨劳累，使他的躯体饥饿，使他的身家困乏，扰乱他，使他的所作所为都不顺利，为的是要激发他的心志，坚韧他的性情，增加他所欠缺的能力。人常常发生错误，然后才能改正；人因困顿不畅，思虑拥塞不通，然后才能奋发振作；察看人家的脸色，辨别人家的声音，才能通晓别人的真伪。国内没有守法的世臣和辅弼贤士的诤谏，国外没有敌对的势力和外来的忧患，这个国家肯定会灭亡。我们知道：在忧患的环境中才能生存，在安乐的环境中便会灭亡。

其实这篇文章我们很多人都在中学时代读过，而之所以在中学时代教科书就收入这一篇文章，是因为这篇文章的价值，可惜中学生还不算经历过人生，根本无从体会孟子的苦口婆心。不过，中学时代不懂得这篇文章的价值没关系，现在你已踏入社会，再回头来读它，一点也不迟。

这篇文章有几个很好的观念，值得记在心里，时时反思。

——所有的困苦都是为了磨炼心志和能力。当然，这并不一定是“上天”的意思，但我们可以相信一件事：凡是在困苦的环境中没被击倒，并且更加奋发的，都能有百折不挠的韧性和坚持到底的毅力；而恶劣环境一再的磨炼，也提升、强化了他的能力和见识；这些正是负重大责任的必要条件。所以走过困苦的人，必能承担大任，而这就是成功的本钱！

——安乐的环境会使人“死亡”。“死亡”也可解释为“退步”“堕落”“被淘汰”。当然，日子过得舒服不是坏事，但如果缺乏危机意识，便很容易退步，赶不上时代的脚步，经不起环境的变动。很多公司的破产、国家的灭亡、个人的颓废、家道的中落，都是因为如此！

成功需要“不抛弃，不放弃”

当你有 99 次倒下的时候，必然就会有 100 次站起来。因为无论任何的打击，坚韧不拔的精神都会帮助你走向成功。

一位父亲苦于自己的孩子已经十五六岁了，还没一点男子汉的气概。他去找得道的禅师，让他帮忙训练他的孩子。

“你把他放在我这儿待半年，我一定把他训练成真正的男人。”禅师说。

半年后，父亲来接儿子，禅师让他观看他的孩子和一个空手道教练进行的比赛。

只见教练一出手孩子就应声倒下，他站起来继续迎战，但马上又被打倒，他又站了起来……

就这样来来回回一共 18 次。

父亲觉得非常羞愧：“真没想到，他居然还是这么不经打，一打就倒了。”

禅师说：“你只看到表面的胜负，你有没有看到他倒下去又站起来的勇气和毅力呢？那才是真正的男子汉气概啊！”

寓言中，男孩的英雄气概不在于身体上的强壮，而在于他拥有了坚定的信心，有着无法被打倒的信念，这就足够了。尽管他的父亲没有看透这点，但是事实上却很明显。

在人生的道路上，我们无论遇到什么样的困难和挫折，都要具有坚韧不拔的个性，绝不放弃，绝不抛弃，经得起考验，才能走向成功之道。

正所谓“天将降大任于斯人也，必先苦其心智，劳其筋骨，饿其体肤，空乏其身，行拂乱其所为”。

一个人如果在失败的时候不忘初衷，具备了跌倒后随时可以爬起来的毅力和勇气，他就有希望走向最后的成功。

罗伯特曾经是一个跻身上流社会的企业家，可是，由于公司经营不善和合伙人撤资，他的公司不得不宣布破产。罗伯特变得一无所有了，这时他刚好50岁。

没有人一辈子风调雨顺，波澜不惊，但是，只要你抓住机会，不放弃希望，就没有跨不过的山，越不过的河。

当你有勇气走出困境时，人生便会因此而辉煌。悲伤之余，罗伯特想："我已经50岁了，老了，再也不会有东山再起的机会了，我将在失败的阴影中度过余生，是该为自己打算后事的时候了。"于是，罗伯特用手中最后的一点钱在离城市很远的地方买了一块墓地。这下，罗伯特对生活不再有激情了，他只想在这种暗淡无光的日子中慢慢老去，然后躺进坟墓中去享受另一个世界安宁的日子。

然而，事情总是出人意料。3年后，政府决定修建一条铁路，火车站就拟建在墓地前边。

一天，一个建筑商找到罗伯特，表示愿意出数倍的钱买他的那块墓地，如果罗伯特同意，那么这块看似不起眼的墓地将会为他赚回一大笔钱。这是罗伯特做梦也没想到的事情。

"哦，我快有一大笔钱了。"罗伯特兴奋地想，"不，等等，我为什么要卖掉它呢？我为什么不再利用这个信息赚更多的钱呢？"

于是，罗伯特拒绝了那位建筑商，并迅速找到合作伙伴买下了墓地周围大片的土地。

等到两年后火车站建成时，这片地皮的价格已翻了数十番。凭此一项，罗伯特又重新进入富人的行列。

做任何事情，难得坚持，坚持不是为了感动谁，不过只是没有跨不过去的山，只有不肯迈步的脚。

定律 7

正确的目标给人希望

梦想一旦被付诸行动，就会变得神圣

梦想是人类对于美好事物的一种憧憬和渴望，但梦想绝不是空想和妄想。人生需要梦想，人生如果没有梦想，就像没有明天一样无望；人类需要梦想，梦想让这个世界变得如此的生动，如此的丰富多彩。

因为有了飞翔的梦想，莱特兄弟发明了飞机；因为有了光明的梦想，爱迪生发明了电灯；因为有了探索宇宙的梦想，加加林成为第一位从太空看到地球的人；而美国宇航员阿姆斯特朗则于 1969 年 7 月 21 日 2 时 56 分乘登月舱“鹰”在月球静海西南角登陆，成为第一位登上月球的人，实现了人类有史以来拜访月球的梦想。

彩虹之所以美丽，是因为不仅仅有赤橙黄绿青蓝紫七种颜色作为丰富内容，还有灿烂阳光与细小水珠激情融合的艺术形式。尽管空中虹桥不可以渡人，但其绮丽足以令人赞叹。

飞瀑之所以壮观，是因为激流途经百里坎坷曲折后，以那震撼人心的纵情一跃，既完成了飞流直下倾泻银河的壮举，又实现了浪击峭壁潭隐蛟龙的夙愿。

任何一个成功者心中都有一个伟大的梦想。梦想驱动着他前进，梦想让他不畏艰难，梦想让他敢于挑战权威，梦想让他一意孤行。

梦想不是有钱人的奢侈品。本田汽车公司的创始人本田宗一郎，在小的时候就有伟大的梦想。本田宗一郎出生在一个非常贫困的家庭，父亲是铁匠并兼修自行车，在耳濡目染中，他对机车事业产生了兴趣，小时候，当他第一次看到汽车时，简直入了迷，他的传记里记载了这件事：我忘了一切地追着那部汽车，我深深地受到震动，虽然我只是个孩子，我想就在那个时候，有一天我要自己制造一部汽车的念头已经启动了……

20 世纪 50 年代初期，本田宗一郎推动自己的公司，进入已经很拥挤的机车工业。5 年内，他成功地击败了汽车工业里的 250 位对手，其中有 50 家日本公司。他“梦想”中的机器在 1950 年推出，实现了他儿时制造更好的机器的梦想。随后他在 1955 年，在日本推出“超级绵羊”系列产品，1957 年，这种产品在美国推出，同时推出现在已经极为著名的广告口号：“好人骑本田”，这种不同流俗的产品，加个创意新颖的广告促销，使本田汽车立刻成为畅销的热门产品，也改变了已经奄奄一息的汽车工业。到了 1963 年，本田机车几乎在世界各个国家，都变成了汽车工业里最主要的力量，让美国的哈雷机车和意大利的机车公司大败。

梦想也不是年轻人的专利。梦想是进取的目标，是对生活的一种积极进取的态度和一种深深的企盼。

一位叫约翰·戈达德的美国老人，生长在洛杉矶，从小就充满了梦想，15 岁那年，他把他一生想干的事情列了一张表，题名为“一生的志愿”，表上列着：到尼罗河、亚马逊河和刚果河探险；登上珠峰、乞力马扎罗山和麦特荷思山；驾驭大象、骆驼、鸵鸟；探访马可·波罗和亚历山大一世走过的道路；主演一部《人猿泰山》那样的电影；驾驶飞行器起飞降落；读完莎士比亚、柏拉图和亚里士多德的著作；谱一部乐曲；参观全球……每一项都编了号，一共有 127 个目标，在经历了 18 次死里逃生和难以想象的艰苦后，约翰·戈达德已经完成了其中的 106 个目标。梦想真是让平凡的生活充满了神奇。看着这位美国老人的故事，让人感到由衷的敬佩，会情不自禁地想到“有梦的人是幸福的”。

有了梦想，森林才那么青翠，山峰才那么俊秀，河流才那么清澈，蓝天才那么蔚蓝。也许，一个人可以失败，可以遭受挫折，可以忍受孤独和不幸，但一个人不可以失去梦想，没有梦想的人生就像鸟失去了双翼，船失去了双桨。为了梦想的实现，多少勤劳、智慧、热爱生活的人们在做出坚持不懈的追求，无论道路多么崎岖曲折，不管激流多么湍急汹涌，都不能挡住人们实现梦想的愿望。

伟大的梦想造就了天才，并促使这些天才们追逐自己的幻想和梦想，最终走向成功。

认清自我，找准方向

下面，我们先来看一段自述：

“我没有任何专长，每一方面都属于中间水准。有的比水准稍高，有的比水准稍低。譬如体能方面，我跑得不快，游泳也勉强；骑马比较内行，但是离赛马的技术还很远。我的眼力很差，射击往往落空。因此在体能方面，我只是泛泛之辈。在文艺方面，亦复如此。我这一生虽然写过不少东西，但是每一篇文章都得涂涂改改，苦不堪言。”

这样的一个人实在并不稀奇，但他究竟是谁呢？他居然是连任四届美国总统的罗斯福。

这样一个平凡之人为什么成了美国四届连任总统呢？他的成功，关键还在于目标专一，朝自己的长处发展，而不是什么都想做。比如他知道自己倾向于公众事务、喜欢组织与领导。他善于训练自己的性向与能力，使其充分发展与尽情发挥。

所谓专一，也就是目标要明确，不能游移不定，或朝秦暮楚。一个人若没有明确的目标，以及实现这项明确目标，不管他如何努力做事，都会像是一艘失去方向的船。

爱因斯坦的一生所取得的成功，是世界公认的，他被誉为 20 世纪最伟大的科学家。他之所以能够取得如此令人瞩目的成绩，和他一生具有明确的奋斗目标是分不开的。

他出生在德国一个贫穷的犹太家庭。家庭经济条件不好，加上自己小学、中学的学习成绩平平，虽然有志往科学领域进军，但他有自知之明，知道必须量力而行。他进行自我分析：自己虽然总是成绩平平，但对物理和数学有兴趣，成绩较好。自己只有在物理和数学方面确立目标，才能有出路，其他方面是不及别人的。因而他读大学时选读了瑞士苏黎世联邦理工学院物理学专业。

由于奋斗目标选得准确，爱因斯坦的个人潜能得以充分发挥，他在二十六岁时就发表了科研论文《分子尺度的新测定》；以后几年，他又相继发表了四篇重要的科学论文，发展了普朗克的量子概念，提出了光量子除了有波的性状外，还具有粒子的特性，圆满地解释了光电效应，宣告狭义相对论的建立和人类对宇宙认识的重大变革。

假如爱因斯坦当年把自己的目标确立在文学上或音乐上（他曾是音乐爱好者），恐怕就难以取得像在物理学上那么辉煌的成就了。

为了避免耗费人生有限的时光，爱因斯坦善于根据目标的需要进行学习，使有限的精力得到了充分的利用。他创造了高效率的定向选学法，即在学习中找出能把自己的知识引导到深处的东西，抛弃使自己头脑负担过重和会把自己诱离要点的一切东西，从而使他集中力量和智慧攻克选定的目标。他曾说过："我看到数学分成许多专门领域，每个领域都能费去我们短暂的一生……诚然，物理学也分成了各个领域，其中每个领域都能吞噬一个人短暂的一生。在这个领域里，我不久便学会了识别出那种能导致深化知识的东西，而把其他许多东西撇开不管，把许多充塞脑袋、并使其偏离主要目标的东西撇开不管。"他就是这样指导自己的学习的。

为了阐明相对论，他专门选学了非欧几何知识，这样定向选学法，使他的立论工作得以顺利进行和正确完成。

如果他没有意向创立相对论，是不会在那个时候学习非欧几何的。如果那时候他无目的地涉猎各门数学知识，相对论也未必能这么快就产生。爱因斯坦正是在十多年时间内专心致志地攻读与自己的目标相关的书和研究相关的目标，终于在光电效应理论、布朗运动和狭义相对论三个不同领域取得了重大突破。

特别值得一提的是，爱因斯坦不但有可贵的自知之明精神，而且对已确立的目标矢志不移。1952 年以色列国鉴于爱因斯坦科学成就卓著，声望颇高，加上他又是犹太人，当该国第一任总统魏兹曼逝世后，邀请他接受总统职务时，他却婉言谢绝了，并坦然承认自己不适合担任这一职务。确实，爱因斯坦是一位伟大的科学家，这是他终生努力奋斗才实现了这个目标的。如果他当上总统，那么未必会有多大建树，因为他未显示过这方面的才华，又未曾为此目标努力学习和奋斗。

一个人能认清自己的才能，找到自己的方向，已属于不易；更不容易的是能抗拒潮流的冲击。许多人只是为了某件事情时髦或流行，就跟着别人随波逐流，结果找不到自我，只得追逐一时的热闹，而失去了真正成功的机会。

正确的目标方向

有了明确的目标，才会为行动指出正确的方向，才会在实现目标的道路上少走弯路。

我们先看这样一个故事：

父亲带着三个儿子到草原上猎杀野兔。在到达目的地，一切准备得当，开始行动之前，父亲向三个儿子提出了一个问题："你看到了什么呢？"

老大回答道："我看到了我们手里的猎枪、在草原上奔跑的野兔，还有一望无际的草原。"

父亲摇摇头说："不对。"

老二的回答是："我看到了爸爸、大哥、弟弟、猎枪、野兔，还有茫茫无际的草原。"

父亲又摇摇头说："不对。"

而老三的回答只有一句话："我只看到了野兔。"

这时父亲才说："你答对了。"

这个故事告诉我们，漫无目标，或目标过多，都会阻碍我们前进，只有明确了自己的目标，我们才能在成功的道路上少走弯路。因为，要实现自己的心中所想，如果不切实际，最终可能是一事无成。

还有一个《心理学家的试验》的故事，更说明了目标明确的重要性：

某天，一个心理学家做了这样一个实验：他组织三组人，让他们分别向着10公里以外的三个村子进发。

第一组的人既不知道村庄的名字，也不知道路程有多远，只告诉他们跟着向导走就行了。刚走出两三公里，就开始有人叫苦；走到一半的时候，有人几乎愤怒了，他们抱怨为什么要走这么远，何时才能走到头，有人甚至坐在路边不愿走了；越往后，他们的情绪就越低落。

第二组的人知道村庄的名字和路程有多远，但路边没有里程碑，只能凭经验来估计行程的时间和距离。走到一半的时候，大多数人想知道已经走了多远，比较有经验的人说："大概走了一半的路程。"于是，大家又簇拥着继续往前走。当走到全程的四分之三的时候，大家情绪开始低落，觉得疲惫不堪，而路程似乎还有很长。当有人说"快到了""快到了"，大家又振作起来，加快了行进的步伐。

第三组的人不仅知道村子的名字、路程，而且公路旁每一公里都有一块里程碑，人们边走边看里程碑，每缩短一公里大家便有一小阵的快乐。行进中他们用歌声和笑声来消除疲劳，情绪一直很高涨，所以很快就到达了目的地。

心理学家得出了这样的结论：当人们的行动有了明确目标的时候，并能把行动与目标不断地加以对照，进而清楚地知道自己的行进速度与目标之间的距离，人们行动的动机就会得到维持和加强，就会自觉地克服一切困难，少走弯路，努力到达目标。

人生无直径，生命也有限，只有少走弯路，努力奋斗，才会接近目标，获得成功。

记得上大学时，开展过一场定向越野的比赛——不仅是跟对手比，更是跟自己比。因为生活上如果没有目标，没有方向，我们会找不到精神的落脚点，而定向越野既没有方向，或许永远也找不到规定路线的那个终点。指北针给我们方向的启示，那沿途上一个个的点就是我们的目标。我们想迅速地找到自己的方向，找到目标，到达终点，就需要沉着冷静地分析地图，快速地奔跑，像《罗拉快跑》里面的那个女主人公一样。或许我们永远也快不过风，但我们要有追赶风的勇气，这需要平时的锻炼。

通过这次定向越野比赛，我不得不正视自己所暴露的弱点：体力锻炼方面还有待加强，看地图的时候还不够细心，跑错过地方，易受别人的影响，没有看清楚地图，但看见人家怎么跑就大致揣测下一个点，盲目地跑过去的时候才发现原来搞错了，便多走了许多弯路。

我想，以后自己首先要看清楚地图，照着图上所指的方向走，到达一个点的时候要看准是不是自己要找的那个。在跑去找点的过程中要学会找捷径，少走弯路，当然要遵守比赛规则，不能误入禁区。尽量避免受他人的影响，“走自己的路，让别人说去”！

其实，这定向比赛不就像我们做事吗？我们在做事时也需要先定好方向，然后落实到每一个目标点上，最终才能实现自己的理想的终点啊！

定好方向，相信自己，努力前进，一定能将目标逐个实现！

定律 8

独特的自己，别样的人生

独一无二的自己

一天，皇帝独自在花园里散步，他惊奇地发现，花园里所有的植物都枯萎了，一片荒凉。原来橡树因为没有松树那么高大挺拔，轻生厌世死了；松树因为不能像葡萄那样结许多果子，也死了；葡萄哀叹自己终日匍匐在架上，不能直立，不能像桃树那样开出美丽可爱的花朵，于是也死了；牵牛花也病倒了，因为它叹息自己没有紫丁香那样的芬芳；其余的植物也都垂头丧气，无精打采，只有细小的心安草在茂盛地生长着。

皇帝问道："小小的心安草，别的植物全都枯萎了，为什么你这么勇敢乐观，毫不沮丧呢？"小草回答说："皇帝啊，我一点儿也不灰心失望，因为如果皇帝您想要一棵橡树，或者一棵松树、一丛葡萄、一株桃树、一株牵牛花、一棵紫丁香，您就会叫园丁把它们种上，而我知道您只希望我安心做小小的心安草。"

即使没有松树的高大挺拔，没有葡萄那样可以结出许多果实，没有桃树那样可以开出美丽可爱的花朵，心安草也从不悲观，仍然努力做自己。因为它知道，自己存在了就必然有自身的价值。

不只是花，每个人也都是一个独特的个体，都拥有自己独特的人生经历。要想获得怎么样的生活状态，关键是你将怎么样看待自己。

韩国 18 岁少女喜儿弹奏的钢琴曲非常动听，吸引了不少听众。

喜儿的双腿比正常人短，而且每只手上只有两根手指头，她并不聪明，只有七岁孩子的智力。但这个少女似乎对自己的命运很满意，她丝毫没有察觉自己的缺陷，还经常面带微笑和别人交流，而且非常刻苦地练习弹奏钢琴。在她看来，正是因为自己只有 4 根手指头，所以很多人才喜欢听她演奏，她觉得幸福极了。

她喜欢自己，接纳自己，丝毫不在意旁人怪异的目光。这种健康心态取决于她有一位懂得教育的妈妈。

曾经有记者采访喜儿的妈妈："当您第一次看到孩子的手指时，您是什么感受？"

妈妈说："我觉得我们家喜儿的手指很漂亮，当她晃动两根手指时，就像绽放的花朵一样美丽，我经常对喜儿说，'宝贝，你的手指真漂亮，咱们换手指，好吗？'"

喜儿的妈妈丝毫不在意别人对喜儿的评价，她总是不停地告诉喜儿："你的手指是世界上最漂亮的手指。"因此喜儿丝毫没有被身上的缺陷所伤害，她总是快快乐乐的。

生活于世间的每个人都是独一无二的，没有任何人可以替代，你的思想、你的行为、你的身体、你的意识……都是属于你的，最独特的存在。世上不幸的人各有各的不幸和困苦，关键是你怎样来看待这种不幸和困苦，像文中的喜儿，虽然从出身开始就有缺陷，但她相信自己的缺陷是自己最独特的存在，所以能一直乐观、开朗地面对自己的人生。

自从有史以来，上百亿人曾经生活在这个地球上，但从来未曾有过，也将永远不会有第二个你。你是地球上一个独特的、不可重复的生物。这些特性赋予你极大的价值。

每个人的心中都有一朵生命之火，都有一颗生命的种子，这火要燃烧，燃烧出亮丽的人生；这种子要发芽，长成参天的大树，告诉全世界："我是与众不同的！"

定位的明确性

尼采曾经说过："聪明的人只要能够认识自己，便什么也不会失去。"一个人要成功必须忠实于自我，正确地认识自我，勇敢地成为敢于进取、不断超越自我的人。

一个人只有正确地认识自己，正确地认识自己的优点和缺点，将自己的好习惯培养起来，才可以激发出潜藏在内心深处的力量，去挑战一切有助于自己发展的事情。

我们只有正确地认识自己，才能去面对一个个挑战。在我们渴望成功的时候，就会试着去改变某些事，就会真正地明白：过去不等于未来，过去自己成功了，并不代表未来还会成功；过去失败了，也不代表未来失败了。过去的成功或是失败，那只代表过去，未来是靠现在决定的，只有我们现在马上开始行动，才能创造明天的辉煌。但我们同样要注意到，人人都希望成功，避免失败，然而，成功与失败都是取决于人的努力程度如何。只有我们努力了，奋斗了，我们才能认识到现在该干什么，选择什么，最后才决定了我们的未来是什么！所以，我要对大家说：失败的人不要气馁，成功的人也不要骄傲。成功和失败都不是最终结果，它只是人生过程的一个事件。因此，这个世界上不会有永远成功的人，也没有永远失败的人，只要我们能够认识自我，就能做一个最好的人。

康威尔在他的《钻石宝地》一书中讲述了一个农夫的故事。这个故事讲的是农夫的土地为他赚进许多钱，还有一个非常温馨的家。每年他都能从种植作物的收成中存下一笔钱。他什么都不缺，生活得既有价值，又很快乐。

然而，有一天来了一个僧侣，对他说："如果你能找到一个地方，那里有水从白色的沙子上面流过，你就会找到钻石。你的女儿会比任何一位公主都富有，你的儿子会比任何一位王子都富有，而你将得到你所能想象到的所有财富。"

那一夜，农夫没睡着觉……这是许多日子以来的第一次。他在床上辗转反侧。最后，当天开始蒙蒙亮的时候，他决定卖掉农场，离开家去寻找钻石。最后，当他的口袋里只剩下几分钱的时候，他对他自己和他所做过的一切只有厌恶，他自杀了。

过了不久，那个僧侣又来到了农场。他走进房子，抬头看了看壁炉台，问道："农场原来的主人回来了吗？"农场的新主人回答说："没有，他没回来。"僧侣说："他肯定回来了，要不那边壁炉台上的石头怎么都是钻石呢？""啊，不，"农场的新主人说，"那不可能……我是在后院发现这些石头的。"僧侣又向这位农场的新主人保证说："是的，那些确实是钻石。"

在这个故事里，我们也得到另外的启示：我们满世界去找钻石，而钻石恰恰就在我们自己的后院里。我们一生都在寻找可以使我们的生活彻底改变的那种能力，但是大多数人一生都没有找到。然而，这种能力就在我们面前。

所以，在我们的生活中，我们所要做的就是认识自我，并能对自己有一个正确的定位，有一个正确的认识，不要犯"钻石就在我们的后院里，却满世界去寻找钻石"的错误。这就是说，一个人只有正确地对自己估价，才能有能力接受自己目前所处的现状和环境，才能去思考，为什么有人成功，有人失败，这其中的经验与教训是值得我们去思考的。

别轻易否定自身价值

有一个农夫养了 3 只小白羊和 1 只小黑羊。3 只小白羊特别骄傲，常常讥笑那只小黑羊：“看看你黑不溜秋的样子，太难看了。离我们远一点，免得弄脏我们。”不但小白羊瞧不起它，连农夫也不喜欢它，常常喂给它最差的草料。小黑羊忍受着这种痛苦的生活，心里也觉得自己比不上小白羊，因此常常独自伤心。

有一次，小白羊和小黑羊一起到很远的地方吃草。没想到寒流来袭，下起了鹅毛大雪，雪越下越大，它们只好躲在灌木丛中相互依偎着取暖。

它们本想自己走回去，但是雪太厚了，根本无法走路，于是它们只好挤作一团等待农夫的援救。

农夫回家后发现 4 只羊羔还在外面，便立刻出去寻找。但外面到处是雪，根本看不到小羊羔的身影。着急之时，农夫突然发现灌木丛里有一个小黑点，他快速跑到那里，果然是那些快要被冻死的小羊羔。农夫感慨万分：幸亏有小黑羊，要不小羊羔们就都得被冻死了。

有位哲人说：“如果你不能成为大道，那就当一条小路；如果你不能成为太阳，那就当一颗星星。”正所谓尺有所短，寸有所长。世间万事万物都有其不足，同样也有其出众的地方。一个人如果已经存于世界，必有其存在的价值，要知道每一个人都是有用的。

布莱克从小双目失明，那时候他还不知道失明的后果。当他长大的时候，他知道他将永远看不到这个世界。

“上帝，为什么要这样对我？难道是我做错了什么吗？我看不到小鸟，看不到树木，看不见颜色，失去了光明，我是被上帝遗弃的孩子吗？”布莱克常常这么问自己。

他的亲人和朋友，还有许多好心人都来关怀他，照顾他。当他坐公共汽车的时候，常常有人为他让座。当他过马路的时候，会有人来扶他。但布莱克把这一切都看成是别人对他的同情和怜悯，他不愿意一直这样被同情怜悯。

直到有一天，一件事情改变了他对世界的看法。那是莱恩神父讲给他的一句话：“世上每个人都是被上帝咬过一口的苹果，都是有缺陷的。有的人缺陷比较大，因为上帝特别喜爱他的芬芳。”

“我真的是上帝咬过的苹果吗？”他问莱恩神父。

“是的，你不是上帝的弃儿。但是上帝肯定不愿意看到他喜欢的苹果在悲观失望中度过他的一生。”莱恩神父轻轻地回答道。

“谢谢你，神父，您让我找到了力量。”布莱克高兴地对神父说道。从此他把失明看作是上帝的特殊钟爱，开始振作起来。

若干年后，当地传诵着一位德艺双馨的盲人推拿师的故事。

上帝知道了这件事，笑道：“我很喜欢这个美丽而睿智的比喻。我从没有放弃过任何一个苹果。”

这个世界上没有谁是多余的，即使你无一技之长，即使你身体有残缺，也不能否定你自身所拥有的价值，觉得自己多余只能说明你还没有接受自己，很多时候是你把自己看轻了。其实，每个人都是不可替代的，什么事情都是后天努力而成的，即使有诸多的不如意、不顺利，也不应该放弃自己，即使再多的苦难也要试着去接受它们，这样才能把握住以后的机会，才能通过自己的努力为自己创造出更大的价值。

没有谁对谁错

艾瑞克是一个 8 岁的小男孩，这个年龄阶段的孩子活泼、好动，浑身似乎总有使不完的劲。一次，他和小伙伴们到一个被废弃的工厂玩，爬梯子时，由于自己没抓牢，结果从梯子上摔了下来，把胳膊摔断了。他的被摔断的胳臂因为裹扎得太紧而受到了感染，里面淤积了脓毒，产生坏疽。在这种情况下，除了截肢，别无选择。

指派给艾瑞克的护士是一名刚满 20 岁的儿科见习护士苏珊。在给艾瑞克检查的过程中，艾瑞克对自己的病情知道得越来越多，他的情绪开始日益低落，整天闷闷不乐。当他看见苏珊拿着洗浴用的清洗棉球进来时，眼里会立即流露出戒备的神色。在苏珊帮艾瑞克洗过几次澡以后，就开始要求艾瑞克必须独自洗澡。

艾瑞克不肯接受苏珊的建议，但苏珊告诉他："你不会在医院待一辈子的，你必须学会自己照料自己。"

虽然如此，但艾瑞克仍旧对自己只有一只手的现状很担心，他觉得自己做不到。但苏珊决心要改变艾瑞克，让他像正常人一样生活。

虽然艾瑞克还有一只右手，但他从小就是个左撇子，失去左手就等于正常人失去右手是一样的难以生活。于是苏珊想出一个办法，她把自己的右手背在身后，然后用橡皮筋绕到制服扣子上，把自己的右手固定在那儿，并跟艾瑞克约定，以后艾瑞克用右手做什么，苏珊就用左手先做一遍，并答应他不会预先练习。

对于苏珊的这个提议，艾瑞克刚开始表现得意兴阑珊。

他们从生活中的一些小细节开始学起。首先是挤牙膏，苏珊先做示范，她先设法拧掉牙膏盖，然后把艾瑞克的牙刷放在床头的桌子上。之后，再笨拙地把牙膏挤在移动不稳的牙刷上。苏珊发现，她越是费力地做这件事，艾瑞克越有兴趣。在苏珊奋斗了大约 10 分钟，并且浪费了一些牙膏之后，成功了。

“我一定做得比你快！”艾瑞克断言。在艾瑞克这样做的时候，苏珊分明看见了艾瑞克发自内心的大大的笑容。接下来的两个星期，苏珊和艾瑞克都以极大的热情和竞争精神投入到了这场“比赛”当中，处理他的日常生活，帮忙扣他的纽扣，在他的面包上涂黄油，整理床单、洗澡等等。

在苏珊实习结束的时候，艾瑞克也差不多已经能够自理、并有信心地面对生活了，他又恢复了以往的活泼、开朗，现在也时时能在他的脸上看到灿烂的笑容。

一个人生理上有缺陷并不可怕，可怕的是精神上有缺陷。如果他在精神上无法正确面对自己，那他整个人就会陷入一种无法自拔的悲观情绪里，自哀自怜的结果是他永远都只能成为生活的弱者，永远都无法真正地战胜挫折，主宰自己的命运。

中国古代有个双目失明的少年，他虽然眼睛看不到东西，但对弹琴、击鼓却很在行，周围的人都很佩服他。

有位秀才觉得一个瞎眼的少年居然得到那么多人的推崇，便有些不服气。于是秀才找到少年，问：“你今年多大了？”少年客气地回答：“15 岁。”秀才接着问：“你的眼睛是从什么时候看不到东西的？”少年回答：“听父母说，大概是 3 岁的时候。”虽然秀才也好奇少年是怎么学习才艺的，但他仍然忍不住有些幸灾乐祸地说：“也就说你到现在已经失明 12 年了，真不知道这些年你是怎么过来的，虽然你有些才艺，但眼睛看不到东西，自然有许多人生美事不能完整地体会到，真是太可悲了……”

少年听到秀才这样说，就微笑着回答他：“你说得很对，我的确看不到许多好看的东西，可是许多肢体健全的人其实也有许多东西是看不到的，他们甚至还不如我看到得多。虽然我的眼睛看不到东西，可是我身上的其他器官却都是可以利用的，我可以用耳朵去听这个世界，听到熟悉的声音我就能分辨出这个说话的人是谁，听到一个人说的话就可以知道他是个怎样的人。不只这样，我还能靠估计道路的状况来调节自己的步伐，这就让我少了很多跌倒的危险。而且看不到东西能够让我全身心投入自己所喜欢的才艺中去，而不被外界的美景所迷惑，也不必浪费精力去应付许多无聊的事情，这让我的琴艺变得更加精湛。时间久了，我也习惯了现在的生活，我不埋怨自己看不到东西，因为我已经是这样了，不如在其他方面充实自己，虽然我眼盲，但心却是看得到东西的。比起那些有眼睛却十分热衷于丑恶东西的人和那些连愚笨和贤明都分不开却只会成天胡思乱想的人，我觉得自己不是盲人，那些人才是真正的盲人。”秀才听后，羞愧地离开了。

缺陷不一定都是坏的，有可能就是你的长处和优点。只要会利用，可能还会给你带来意想不到的效果，但是，前提是你必须得正视缺陷。

每个人的身上都可能存在这样或那样的缺陷，强者勇于面对缺陷，在他们眼里，缺陷从来都不是负担。而有些人则以悲观的态度面对缺陷和不足，在这些缺陷面前，他们丧失进取心，从而一事无成。其实，与其对无法改变的缺陷耿耿于怀，不如把精力放在其他事情上，这样你才更有可能成功。

不必抬头仰望别人，自己亦是风景

有这样一则故事：

孔雀向王后朱诺抱怨。它说："王后陛下，我不是来无理取闹的，但您知道吗？您赐给我的歌喉，没有任何人喜欢听。可您看那黄莺小精灵，唱出来的歌婉转动听，它独占春光，出尽风头了。"

朱诺听到如此言语，严厉地批评道："你赶紧住嘴，嫉妒的鸟儿，你看你脖子四周，如一条七彩丝带；当你行走时，舒展的华丽羽毛，就好像色彩斑斓的珠宝。你是如此美丽，这世界上没有任何一种鸟能像你这样受到人们的喜爱。一种动物不可能具备世界上所有动物的优点。我赐给大家不同的天赋，是要大家彼此相融，各司其职。所以我奉劝你不要抱怨，不然的话，作为惩罚，你将失去你美丽的羽毛。"

孔雀羡慕黄莺清脆的嗓子，所以抱怨自己为什么没有拥有和黄莺一样婉转、美妙的歌喉，却不知道自己的美本来就让其他动物羡慕。

我们总说"吃着碗里的，看着锅里的"。人，总是没有得到的就以为是最好的，总是一味地去羡慕别人的生活，而忽略了自己所拥有的东西。

每个人身上都有优点和长处，不要总盯着别人身上的好处而忽视了自己的美丽，这样你将永远生活在悲观、嫉妒当中。不能用心的体会和感受生活，就不能发现生活以及自身的美好，也就不会利用自己的优点，让自己大放异彩。

欧洲某国家的一位著名的女高音歌唱家，芳龄仅仅三十多岁就已经红得发紫，而且郎君如意，家庭美满，令人羡慕不已。

一次她到邻国来开独唱音乐会，入场券早在一年前就被抢购一空，当晚的演出也受到极为热烈的欢迎。演出结束之后，歌唱家和丈夫、儿子从剧场走出来的时候，一下被早已等在那里的观众团团围住。人们七嘴八舌地与歌唱家攀谈着，其中不乏赞美和羡慕之辞。

有的人恭维歌唱家大学刚刚毕业便开始走红，并进入了国家的歌剧院，成为扮演主要角色的演员；有的人恭维歌唱家有个腰缠万贯的大公司老板做丈夫，而膝下又有个活泼可爱、脸上总带着微笑的小男孩。

在人们议论的时候，歌唱家只是在听，并没有表示什么。等人们把话说完以后，她才缓缓地说："我首先要谢谢大家对我家人的赞美，我希望在这些方面能够和你们共享快乐。但是，你们看到的只是一个方面，还有另外的一个方面没有看到。那就是你们夸奖活泼可爱、脸上总带着微笑的这个男孩。不幸的是他是一个不会说话的哑巴，而且，在我的家里他还有一个姐姐，是需要长年关在铁窗房间里的精神分裂症患者。"

歌唱家的一席话使人们震惊得说不出话来，你看看我，我看看你，似乎很难接受这样的事实。

这时，歌唱家又平心静气地对人们说："这一切说明什么呢？恐怕只能说明一个道理：那就是上帝给谁的都不会太多。"

有时我们所拥有的，别人不一定拥有，每个人有他的长处，每个人也都有他自身的不足，因此，我们不必为别人的拥有而失意，应该多为自己拥有的而开怀。并不是我们所拥有的东西使我们快乐，而是我们所喜欢的东西才能给我们带来欢乐。

其实人总是在这样互相羡慕的。有的人常常幻想有一天一觉醒来，自己就会成为某某一样的人。可能是因为我们深知自己人生的缺憾，所以就会拿那些我们认为比较完美的人生来做比较，当作人生的坐标。其实这个世界上并不存在十全十美，那些我们所羡慕的人同时也在承受着他们的不如意。所谓家家有本难念的经，人虚荣的本性使他们把自己风光的一面展示给人，又有谁能真正看到别人风光背后呢？很多时候，得到的就是所承担的，每件事都像硬币一样有两面，有正面就有负面。

当然，有的人的确值得我们羡慕，不完全是因为他们得到的多，而是因为他们善于经营，我们从他们的身上可以审视自己。

羡慕别人是因为我们期待完美，期望可以活得更好。可是我们却忽视了一点，每个人的处境都不同，别人永远无法模仿。不过我们可以通过观察别人的长处来修正自己的短处，与其仰望别人的幸福，不如注意别人经营幸福的方法；与其羡慕别人的好运气，不如借鉴别人努力的过程。

不要再去羡慕别人如何如何，好好算算上天给你的恩典，你会发现你所拥有的绝对比没有的要多出许多，而缺失的那一部分，虽不可爱，却也是你生命的一部分，接受它且善待它，你的人生会快乐豁达许多。

人没有必要羡慕别人，而应该将时间花在珍视自我上，看到自身的优势，充满自信地去应对生活，努力为自己的前途奋斗。

人生就像打牌一样，很多人总是羡慕别人手中的牌，而对自己手中的牌从来都不认真对待。其实，即使你非常羡慕别人，又有什么用呢？最后你还是得老老实实地打你自己的牌。

羡慕别人不如把握自己，人生是要靠自己去走的一段路程，无论怎样，能够把握的最终都只是自己。我们可以羡慕别人，但这种羡慕是吸取对方的长处，来弥补自身的不足，不断地充实、完善自己，让自己变得更强大、更完美。

定律 9

乐观心态，充满探知欲望

创新思维的路

俗话说：吃别人嚼过的食物没有味道，同样，走别人走过的路没有意义。墨守成规，总是过着单调、乏味而且与成功无缘的日子。与其在故步自封等死，还不如跳出常规求生。只要你能跳出常规，就能与成功相约。所以，我们要跳出常规，做一些别人未涉足的领域，说不定会有一些未被发现的宝藏在路中等着我们。

如何才能踏入别人未被发现的领地，这就要求我们去想一些别人所不敢想，做别人没有做过的事情。一些反向和逆向思路则会让你有这种发现。

在这方面，西班牙的航海家哥伦布深知这个灵验而奇怪的理论：他认为别人越是不可能做成功的事情，真要做起来很可能会顺利一些。

哥伦布自很小的时候，就认为地球是一个球体，为此他做着自己的努力去证明这一点。而那时的人认为，人类绝对不可能从西方到达富庶的东方。如果从西班牙向西航行的话，不出 500 海里，就会掉进无尽的深渊。哥伦布当然不相信这个观点。

1485 年，他到葡萄牙国王那里去游说："其实我们从此向西走，走到一定的距离后，也能到达东方。如果你们肯拿出钱来支持我的话，这一定是事实。"葡萄牙国王没有答应他，认为他是一个骗子。于是，哥伦布又到西班牙国王那里游说，西班牙国王也没有答应他。哥伦布并没有因此而灰心，尽管后来也接二连三的碰壁，奔波的同时也花掉了他的积蓄。他只好向朋友伸手，但很多朋友把他当作疯子，不阻止、不支持、更不相信他。

最后，哥伦布终于等到了一个机会。西班牙皇后经过哥伦布的一个朋友劝说，答应支持哥伦布去冒险。万一哥伦布这个计划失败，她也就是损失一点小钱。

哥伦布以坚定的毅力和沉着感染着跟随他的水手们，大家齐心协力地与风浪搏斗，没有多久就迎来了曙光，他们在美洲大陆插上了西班牙的国旗。

虽然哥伦布航海中遇到一些挫折，但他用行动证明了：踏入别人未涉足的领域，事情可能做起来或许更顺利些。他的话在今天看来，对于我们的发展同样有着积极的意义。

有的人认为，生命应该是多姿多彩的，我们每个人都应该有各自不同的生活。一个真正有创造力的人不会重复别人的生活模式，即使看起来是多么富足的生活，我们的人生也应该充满着自己的追求。每个人应该以一个开拓者的身份义无反顾地挑战自己的未来。

生活中，有很多人从没有自己的立场，别人怎么说，他们也就跟着人家屁股后面怎么说，当不同的人说着不同立场的话的时候，他们就分不清、辨不明了，他们会在不同立场观点之间游移不定。而一旦遇着利益，他们争先恐后，比谁跑得都快。他们这种对待工作因循守旧，人云亦云，他们不会有大的发展前途，混日子、和稀泥应该是他们的强项。他们的人生也只能是平庸低俗的人生。

我们每个人的人生都应该是千姿百态的，因而构成社会发展的复杂性。那些人生充满传奇色彩的人物，他们个个都是神勇，他们不愿意过那种一天天循环固定的生活，不愿意过那种天天守在办公室，做着单调而又重复的劳动。他们认为那种看似稳定而没有激情的生活实在没有意义，那样的生活其实只是一天的生活而已，只不过周而复始地重复着罢了。真正有意义的人生应该是充满冒险的人生，应该是去做别人没有做过的事情，尽管看起来困难重重，但他们以苦为乐、乐此不疲。

如果你想踏入别人未涉足的领域，就应该独辟蹊径，去走那些别人没有走过的路，你肯定会看到别人未曾见到过的美景。

很多的啤酒商都认为，要打开比利时首都布鲁塞尔的啤酒市场很困难。开始的“哈罗”啤酒厂也是如此。

当时的哈罗啤酒厂的市场份额在逐步地减少，而啤酒厂没有钱在电视或报纸上做广告。尽管销售员林达多次建议厂长做些广告，但都被厂长拒绝了。林达决定冒险去做这个事情，于是，他贷款承包了啤酒厂的销售工作。但如何去做广告成了林达的心病。当他徘徊到布鲁塞尔市中心的于连广场时，看到广场中心那个撒尿的男孩用自己的尿浇灭了敌人炸城的导火线而挽救了这个城市的小英雄于连时。林达突然有了主意，决定自己要做一件别人未做过的事情。

翌日，在广场上的人们发现于连雕像的尿由水变成了金黄剔透、泡沫泛起的“哈罗”啤酒，旁边还立着一块写着：“哈罗啤酒免费品尝”的广告牌。如此新意，很快传遍全市。市区四面八方的老百姓都聚集于此，他们拿着自己的瓶瓶罐罐来接啤酒喝。媒体也争着报道这一奇观。

那一年，该厂的啤酒销量一下了增长了近 20 倍。这个叫林达的小伙子轰动了整个欧洲，成了闻名布鲁塞尔的销售专家。

林达的成功在于他那独特的广告创意，做了一件别人没有做过的事情。

别人没有走过未必就充满着艰难险阻，你走了说不定会有意想不到的收获。如果真要是这样的话，我们何不去尝试一下呢。即使前面有一些险阻，经受风雨的洗礼，品尝跋涉的磨炼，也未必是一件坏事。

如果你干任何事情都是墨守成规，不走别人没有走过的路，那么，成功就离你越来越远，这不是自己和自己过不去吗?

跳出常规，勇于踏入那些别人未涉足的领域还有一个最大的好处就是没有竞争力。只要你能克服了这块领域的本身环境带来的冲击就基本上算是成功了，因为跳出常规没有别人设下的陷阱，也用不着担心别人乘虚而入，你可以悠哉而踏实地做事，一直到你所做的事情成功。

把心放宽，找准自己的人生节奏

很多时候，当我们面前无路可走的时候，为什么不尝试向左或向右呢？问题是如此简单，但就是这个很简单的问题，很多人却想不到。

最近，张跃然心情不畅，有很多想不通的事情，因而他一直唉声叹气、闷闷不乐，越来越自闭。左邻右舍以及公司里的同事，有事没事的时候就给他提意见：有的人建议他多和朋友聊聊，多到外面散散心；有人建议他可以自己找点新奇的东西玩玩，转移一下注意力……一群人说得他心情乱糟糟的，本来是安慰张跃然的，可却变成了一场辩论会。

由于工作的缘故，他受到了领导严厉的批评。领导批评他也是有原因的：张跃然接受的这个任务对公司的发展举足轻重，因此在他执行任务前，领导还千叮咛万嘱咐，让他多参考别人的意见，甚至还给他提了一套方案。而张跃然自认为依靠自己的经验和能力，应该不成问题。但当他执行任务的时候，发现事情并不像自己想象的那么简单。不过他仍然固执地使用他的老方法，最后事情搞砸了。

视野不够远大，胸襟不够广阔，想当然地固执于自己的经历或者经验，常常会让人死死地钻在某一条胡同中不能脱身。对于张跃然来说，他的失败就在于，当他按照自己的经验行事的时候，走不通了。但他仍然固执于自己的方法，这也是他搞砸任务的主要原因。

当我们面前无路可走的时候，我们何不去想想有没有别的路可走呢？凭着自己的经验一条路走到黑的人其实就是自己和自己过不去，难道不是吗？

路很多，不要总是拣熟悉的走。如果总是沿着老路前进，就会把路走烦、走厌、走绝。这时，不妨往旁边跨几步，也许你就会发现无数条路。堵死我们的往往不是路，而是我们自己。

路的旁边也是路，这条路看上去也许像羊肠小道。但当我们无路可走的时候，它很可能是一条充满希望、充满机遇、通向成功的光明大道！

很多刚入职场的人，用不了多久，起初敢闯敢拼的劲头就会被消磨殆尽了。但杜丁却是个例外。在大学里杜丁就以创意迭出著称，走上工作岗位两年多的时间里，他依然像刚入职场时候的样子，脑子里有说不完的点子。

不过，现在杜丁难免会有些郁郁不得志的感慨——他的老板是个因循守旧的老人，从他创立公司的时候开始，小心谨慎一直都是他遵循的核心思想。在金融危机到来的时候，公司没有像别的公司那样轰然倒塌，这也让老板更坚信是自己的保守和谨慎，才让公司幸免于难。

公司专门生产市场上的那种小电扇。老板的思想是少而精，要做就做最专业的。在杜丁看来，他可不这么想。按照他的理解，公司的实力虽然不是很强大，但还不至于让产品如此单调——在多元化的市场环境中，仅仅生产一两种没有优势的产品显然是不够的。因此他想设计新的产品。

但杜丁不是老板，他只是老板手下的一个部门负责人而已。不过这并没有阻止他产生标新立异的想法。他想，等他设计出了产品，老板一定会认可他的。然而杜丁明白，老板是绝不允许杜丁利用公司的资源进行在他看来毫无意义的尝试的。

因此，杜丁想了一个法子。他先跟老板提建议，说应该在电扇的设计上进行更新。在取得老板的同意后，他马上开始着手进行新产品的设计。不到两个月的时间，他就设计出了一款空调扇。这时，老板才发现“上当”了。不过面对越来越多的订单，他能怎么做呢？唯一能做的，就是赶紧给杜丁升职！

生活中，有些人总是在一条路上不断地走。当无路可走的时候，便怨天尤人，抱怨别人没有尽心尽力帮助自己，抱怨自己为什么这么没用。实际上，路的旁边也是路。有时候我们走得不好，不是路太窄了，而是我们的眼光太狭窄了。最后堵死我们的不是路，而是我们自己。

人生的路很长，遇到的挫折也很多：为环境所迫，为条件所困，为生活所累，为情感所惑……有些事情我们是无法改变的。但有句话不是这样说的吗：当我们无法改变他人的时候，我们可以改变自己；当我们无法改变环境的时候，我们可以改变心境。人生之路永远都不是只有一条。当我们不能改变全部时，为什么不改变局部？当我们无休止地抱怨的时候，为什么不尝试着走别的路呢？这时候，我们就应该满怀信心地尝试别的方法——当一种方法解决不了的时候，不要抱怨，尝试着走别的路，也许那就是一条捷径。

打破束缚自我

勇于创新，大胆挑战传统方法和规则，是你取得成功的良好保证，可以充分实现你的自我价值。

要成功，就需要勇于创新。如果一味地服从传统、按照规定好的条条框框埋头工作，那你最多称得上是一个“本分”的人，离成功者的素质还是相去甚远。

人必须要不断增强自己的创新意识、大胆突破传统方法和规则的束缚，这些将有助于自己更快、更好地解决问题，这是增强个人竞争力和体现个人价值的重要途径。要想适应日新月异的时代发展趋势，要想实现从平庸到卓越的飞跃，就必须具有创新意识，勇于创新、善于创新。

“我每天规规矩矩地上下班，按照既定的方法和程序做事，很少犯错误，可是为什么每次发奖金时我都没有别人多呢？领导说我的工作效能不高、缺乏创新意识，我也知道自己做事比较死板。可是，创新哪有那么容易，而且要创新就要打破一些传统的东西。那可是延续了很长时间的规则，人微言轻的我怎么能随便改变这些历来都被认为正确的规则呢？”这是在一次培训会上一位员工说的话，类似这样的话你还可以听到很多。工作中，说这些话的员工普遍都是缺乏创新意识，他们从思想上就不敢轻易想到创新，传统规则紧紧地束缚住了他们的手脚，这就造成了他们在行动上的中规中矩，缩手缩脚。久而久之，他们在生活和工作中就与“创新”彻底绝缘了，他们再也不会主动寻求解决问题的新方法。当环境、事物没有发生较大改变时，也许他们还能做出一些成绩。但随着时间和环境的变化，旧方法和旧规则将逐渐不适应，此时，这些不敢创新的人就只能随着旧方法、旧规则的更换而惨遭淘汰了。

很多缺乏创新意识、不敢大胆挑战传统方法和规则的人实际上都是缺乏创新的勇气。事实上，所谓的“创新”并非彻头彻尾的“革命”，而是根植于旧的传统而产生新的方法，是独辟蹊径。没有旧的规则，新的规则就会无可依托，正所谓“皮之不存，毛将焉附”。创新的过程其实就是一个不断吐故纳新的过程，只有对既定规则了然于胸，才会根据旧规则创立新的模式。

亚伯拉罕在其著作《突破现状创新思考》一书中指出，要在事业或人生生涯中创造突破，秘诀是更聪明地做事，而不是更努力地工作。要更聪明地做事，就要学会创造性的思考，并且努力落实这些想法，最终创造突破。人们在工作中应该具有大胆创新的精神，否则就很难实现卓越。比如，一个人的生存和发展离不开创新，同时，事业的扩张也离不开创新意识。如果一个人在工作中一味墨守成规，因循守旧，不能创造性地完成任务，消极被动，必将“大祸临头”。

服从传统、因循守旧，就会远离创造性行为，离成功就越来越远。这种做事的方式就是自己和自己过不去，因为，我们每个人都想获得成功。

这和一个企业占领市场，谋求发展有着同样的道理。市场上某些看似寻常平淡的“冷门”，背后往往隐藏着尚未开发的无限商机。谁能够思人所未思，发人所未发，肯下功夫了解既定规则，既而打破常规，谁就会开拓出独领风骚的新天地。而在人生中，哪个人能在寻常生活中处处留心，在众多人中做出与众不同的正确决断，即使工作寻常，也时时迸发新意。这个人就会大有前途，得到更好的发展空间。

要想成功就必须具有足够的创新意识。当原来的路走不通的时候，不要和自己过不去，要想办法开辟新路；当过去的方法不能迅速解决现在的问题时，不要和自己过不去，要寻找更高效的处理方法。

人格障碍

心理学家认为，固执常和思维狭隘、不喜欢接受新事物、对未曾经历的东西感到担心相互联系着，它是一种人格障碍。做人做事需要执着，但如果执着得过了头，就变成固执了，就会产生意想不到的后果了。固执过了头的人，其实就是自己和自己过不去。

从前有一个叫作跟叔的人，性格很是倔强，又常常自以为是，爱跟别人唱反调。

跟叔在龟山的北面种粮食，又想与人家倒着来。他在高而平的地方种水稻，却在又低又潮湿的地方种高粱。

他有个很忠诚的朋友，见他这样做不会有什么好处，就好言劝说他道：“高粱适合种在旱的地方，水稻宜于种在低湿的地方。可是你现在正好相反，违反了水稻和高粱生长的习性，那怎么能获得丰收呢？”

跟叔听了朋友的话，一点都没放在心上，还是我行我素。结果，他辛辛苦苦地种了 10 年地，每年都歉收，粮仓里一点储备也没有。

眼看就快没饭吃了，他这才去看朋友的地。发现朋友正是像他劝说自己的那样种地，所以获得了丰收，不由得懊悔万分。就向朋友道歉说：“您说得对啊，我知道悔改了，不再不听劝告了。”

后来，跟叔到别的地方去做买卖。他做生意完全不加考虑，看到别人抢购什么货物，他也一定进什么货，处处都硬要和人家竞争。这样一来，他的货一到手，积压得厉害，使他手上的货总是卖不出去，价钱被压得极低。

跟叔的朋友担心他吃亏，就又教他说：“善于做买卖的人要进别人暂时不争不抢的货物，这样，一旦等到机会来了，就可以获得好几倍的利润。这正是商人致富的原因啊！”跟叔又不听。

过了 10 年，跟叔常常亏本，终于入不敷出，到了非常困窘的境地。这时，跟叔才又回想起了朋友的话，意识到朋友是正确的，又去找到他的朋友道歉：“我现在知道自己错了，从今以后，我再也不敢不悔改。”

有一天，跟叔要驾船出海，邀请了他的朋友一起去海边。他的朋友将他送上船，告诫他说：“等你到了海水归聚之处，一定要返航回来，不然船一进去就再也出不来了。”

跟叔表示自己记住了，会听朋友的话。跟叔驾着船随着波涛向东驶去。

航行了些日子，到了海水归聚的深渊边上。

这时候，他又犯了那顽固的老毛病，不相信朋友的告诫还是继续前进。

结果船被卷入深深的大壑中。跟叔就在这黑暗的地方，忍受着颠簸和孤独，非常艰难地过了 9 年。直到一次赶上大鳗化为大鹏时激起的巨浪，才总算被冲出了大壑，可以回家了。

跟叔回到家里，头发全白了，形体枯瘦得就像根蜡烛，亲朋好友没有一个人能认得出他来。

跟叔再次找到他的朋友，深深地拜了两拜，还对天发誓说：“我如再不悔改，请太阳做证惩罚我。”

他的朋友笑着说；“悔改是悔改了，但还有什么用呢？”人们都说跟叔三次悔改就度过了一生。

向规则挑战

思维是改变自己的内在基础，只要运用头脑，积极思考，你就能够在社会中发现机会，创造机会，改变自己的生活。

一个青年来到一片沼泽前，心中正犹豫该从何处通过时，他看到了一行脚印，“有脚印，说明有人走过，别人能走的，我当然也能走。”于是，青年毫不迟疑地顺着那串脚印走进了沼泽。

遗憾的是，他再也没能走出来。

第二天、第三天，第二个、第三个人又来到这片沼泽。他们的选择和前人一样，结果也是一样。

一个又一个鲜活的生命就这样被一行无言的脚印导入沼泽、引向死亡。这些因循守旧者与其说是死于大自然的沼泽，还不如说是死于思维的沼泽。这是人们在为那些不幸的人扼腕长叹之余，所得出最震撼人心的警示。

生活中有很多的思维定式和习惯取向束缚着人们的头脑，左右着人们的心灵，羁绊着人们的步伐。所谓思维定式，是指人们思想的趋势、程度和方式。构成思维定式的因素，主要是认识的固定倾向。如果让你看两张照片，一张照片上的人英俊、文雅；而另一张照片上的人丑陋、粗俗。然后对你说，这两个人中有一个是全国通缉罪犯，要你指出谁是罪犯，你大概不会犹豫吧！先前形成的知识、经验、习惯，都会使人们形成认识的固定倾向，从而影响后来的分析、判断，形成思维定式——思维总是摆脱不了条条框框的束缚。如果单纯地对某一个断面认识，那是把握不了整体的。所以，换个角度看问题是至关重要的。

思维定式跟任何事物一样都具有两面性。一方面，它可以使人们在解决问题时不需要太多的思考，减少摸索的过程，让行动越来越自动化；另一方面，它具有难以避免的刻板性，易使人们过多地依赖经验，从而产生惰性。认为别人这样，我也可以这样，有人干的就是对的，大家做的就是好的，稍有不慎，往往导致人们在解决问题时陷入困境。那些人就是先在思维上惯性地受制于脚印，后受困于沼泽，最终一去不复返。

生活中，我们经常可以看到一些人为解答这类问题而绞尽脑汁。他们困于认识的固定倾向，而不能识破题目布下的圈套。由认识的固定倾向所产生的消极的思维定式，是禁锢人思维的枷锁。人们常见的一句托词：我这里祖祖辈辈就这样，山这么高，路这么远，再怎么努力干，经济也发展不起来。

一个人一旦形成了习惯的思维定式，就会习惯地顺着定势去思考问题，不愿也不会转个方向、换个角度想问题，这是很多人的一种愚顽的“难治之症”。

习惯地顺着定势去思考问题的人，习惯于旧观念的人，在生活中其实就是自己给自己出难题，因为他们跳不出思维的束缚，从而也就远离了成功。

从前，有一个穷人，他很穷，真的是太穷了。一个富人见他很可怜，就起了善心，想帮助他致富。于是，就送给他一头牛，嘱咐他好好开荒，到春天的时候撒上种子，秋天就可以收获了，不会再整日与贫穷为伴了。

刚开始的几天，穷人心里满怀着希望。他勤奋地努力着，但没过几天，牛要吃草，人要吃饭，日子比以前还要难过。穷人就想，不如把牛卖了，买几只羊，先杀一只吃，剩下的还可以生小羊，长大了拿去卖，不就可以赚很多钱了吗？

穷人如愿以偿地实现了他买羊的计划。只是吃了一只羊之后，小羊迟迟没有生下来，日子又艰难了，没有办法，就又吃了一只。穷人想，这样下去不得了，还不如把羊卖了买几只鸡，鸡生蛋的速度要快一些，有了鸡蛋就会立即可以赚到钱，日子立刻可以好转。穷人的计划又如愿以偿了，但他的生活却没有任何改变，又艰难了，又忍不住杀鸡，到后来杀到只剩下一只鸡的时候，穷人的理想彻底崩溃。他想致富是没有任何希望了，还不如把鸡卖了，打一壶酒，三杯下肚，万事不愁。很快，春天来了，发善心的富人兴致勃勃地送种子来，赫然发现穷人正就着咸菜喝酒，牛早就没了，这个穷人还是过着一贫如洗的生活。

看到这种情况，富人转身走了，穷人还是和以前一样的穷。如这位穷人一样，很多人都曾有过梦想，甚至有过机遇，有过行动，但他们却没有改变旧观念。因为他们早已经习惯了这种观念。

在生活的旅途中，我们总是经年累月地按照一些旧的观念去行动，从不尝试走别的路，这就容易衍生出消极厌世、疲沓乏味之感。所以，不换思路，生活也就乏味。很多人走不出思维定式，所以他们走不出宿命般的可悲结局；而一旦走出了思维定式，也许可以看到许多别样的人生风景，甚至可以创造新的奇迹。

曾有一位探险家深入雪山被困，食粮耗尽，精疲力竭，虽与外界取得了联系，但在茫茫雪海之中寻人又谈何容易？警方虽出动了数架直升机，仍是难寻踪影。在如此弹尽粮绝却又无外援的情况下，按常理说已是希望渺茫，然而此时探险家打破常规，割肉放血。这虽是加速自己的死亡，可鲜血染红一片，在一片白茫茫的雪地上格外显眼，最终，他获救了。在似乎绝望的困境中，他打破常规解放思想，终于寻找到了希望，创造出了新的生机。

思维决定一个人的人生路径。当然，每个人都有一个固定的思维定式，只不过思维方法不同而已。固定的思维方式容易产生偏见，这种偏见带有强烈的个人色彩。它容易把人的思维引入歧途，也会给生活与事业带来消极影响。固定的思维方式多源于人格的缺陷、思维的僵化。

要改变思维定式，需要我们改变观念。要随着形势的发展不断调整、改变自己的行动。一成不变的观念将会带来毫无生机的局面。不善改变思维，就根本不可能找到成功的路径。

要坚持，要执着，也要懂得变通

不为难自己的人从不迷信以往的经验、传统和权威，也从不迷信于自己。他们只会用开放的胸怀接纳事物，用多变的思维解决问题！

但是，有些人却常常陷入某种权威和思维定式之中，自设陷阱，自设障碍，以致“一根筋”地坚持到底，迷迷糊糊地转不过弯来，最终荒废了自己的聪明与才智。

一根筋走到底的人，其实就是自己和自己过不去，自己给自己出难题。

斯里是通用汽车公司的一名普通职员，平时工作沉稳扎实，努力上进。

这一天，他鼓起勇气走进上司的办公室，说：“对不起，我想该给我涨工资了。”

“不，不能给你涨，绝对不会，”上司微笑着回答，并指着玻璃板下的一张印刷卡片不慌不忙地道，“很不凑巧，根据本公司职务工资制度，你的工资已是你这一档中最高的了。”

听到这里，斯里顿时泄了气：“哎，我忘记我的工资级别了！”

他退了出来，几个铅印字打印出的制度使他放弃了他本应得到的东西。他想，“我怎么能推翻那张压在玻璃板下的印刷表格呢？那是制度，是权威。”

其实，斯里的上司也许只是希望斯里表现出充分的自信，并用这份自信和出色的工作业绩来说服他。但斯里却以他“一根筋”的想法，放弃了自己应得的权利，并同时放弃了自己赢得权利时应该展现出的智慧与才能。

试想一下，这样的人又怎能成为一名出色的人呢？甚至连一名出色的员工都称不上！因为他首先“软禁”了自己，故步自封，墨守成规！

事实上，很多人的思维方式都是这样的，甚至包括你自己。一旦被现成的所谓的经典或权威所左右，你可能就会使自己的逻辑推理进入一个可笑的误区，并陷入其中无法自拔。由此，在你的头脑中，自然就不会有新的思路、新的观点出现，甚至可笑到不允许有新的思维方式出现。

李·艾科卡 1979 年到克莱斯勒汽车公司任 CEO 时，接手的是一个债台高筑的烂摊子。万般无奈之下，艾科卡只好求助于政府，希望能够得到美国政府的担保，以便从银行获得 10 亿美元货款，用于克莱斯勒公司发展新型轿车。

这一消息传出后，在整个美国激起了轩然大波，惹出了一片斥责之声。原来，在美国企业界有一个不成文的规矩：认为依靠外部力量，尤其是依靠政府的帮助来发展经济的做法，是不合乎自由竞争原则的。

面对企业界、舆论界、美国政府和国会的一片斥责反对声，艾科卡并没有气馁。他坚信规则是死的，人是活的，没有什么规则是不能被打破的。他不急不躁，冷静地分析了目前的形势，采取了“分兵合进、各个击破”的战术，耐心地去扫除公共关系上的重重障碍。

首先，他援引了美国人所共知的事实，有根有据地向企业界说明：过去，洛克希德公司、全美五大钢铁公司和华盛顿地铁公司都曾先后取得过政府担保的银行贷款，总额高达 4097 亿美元之巨。而克莱斯勒公司请政府出面担保仅 10 亿美元货款的申请，却遭到非议，原因何在？

其次，艾科卡又向舆论界大声疾呼：挽救克莱斯勒公司，正是维护美国的自由企业制度，保护市场竞争。北美只有三家大汽车公司，一旦克莱斯勒公司破产垮台，整个北美市场就将被通用和福特两家公司瓜分垄断。这样一来，美国所引以为傲的自由竞争精神岂不就荡然无存了吗？

对政府，艾科卡则不卑不亢，提出了言辞温和而骨子里却很强硬的警告。他先是替政府热心地算了一笔账：若是克莱斯勒公司现在破产，那么，将有 60 万工人失业。仅破产的第一年，政府就必须为此支付 27 亿美元的失业保险金和其他社会福利开销。然后，他彬彬有礼地向当时财政正出现巨额赤字的美国政府发问：“您是愿意白白地支付 27 亿美元呢？还是愿意仅仅出面担个保，帮助克莱斯勒公司向银行借出 10 亿美元货款呢？

对国会议员们，艾科卡的工作更是做得滴水不漏。他为每个国会议员开出一张详细的清单，上面列有该议员所在选区内所有同克莱斯勒公司有经济往来的代销商、供应商的名字，并附有一份如果克莱斯勒公司倒闭将在其选区内产生什么经济后果的分析报告。这样做的实质，是在暗示这些国会议员们：若是你投票反对政府为克莱斯勒公司担保贷款，那么，你所在选区内就将有若干与克莱斯勒公司有业务关系的选民因此而丢掉工作，而这些失业的选民对剥夺他们工作机会的国会议员必然反感。试问，你的议员席位还会稳固吗？

艾科卡这种“分兵合进、各个击破”的战术，最终收到了奇效：企业界、舆论界的反对派偃旗息鼓；国会那些原先曾激烈反对政府担保的不合作态度也销声匿迹。艾科卡不动声色地化干戈为玉帛，争取到了社会上各个方面对他的支持，终于将他所需要的 10 亿美元货款顺利拿到手了。

靠着这笔来之不易的货款，克莱斯勒公司一举开发出了数种新型轿车。从 1982 年起，克莱斯勒公司就实现了扭亏为盈，翌年又赚取利润 9 亿美元，创造了该公司有史以来盈利最丰的纪录。克莱斯勒公司由此走上了再度发展的轨道，艾科卡也一举成名，成为美国妇孺皆知的风云人物。

艾科卡是一个真正具有创造力的人，他在现有经验行不通时，果断地转换思维方向，另辟蹊径，挑战规则，并有计划、有步骤地鲸吞蚕食了反对意见，迎来了最终的胜利。

可如果他一味地遵循规则，或从经验出发，那就是自己给自己出难题，那么，克莱斯勒公司就只能是走向破产。当然，这并不是否定经验与规则，只要是要让你多方面地考虑问题，否则你就只会陷在一个怪圈里走不出来。

人不能被经验迷惑，不能被权威误导，不能被规则束缚，要勇敢地张开思想的双翼，向左、向右、向上、向下，不断地飞翔，总有一个绝佳的创意在某个角落等待你去察觉。只要你不断创新，打破规则，就一定能突破瓶颈，迎来灿烂的未来！

定律 10

命运终究掌握在自己手中

坚定信念

惰性让你停滞不前，自己让自己走向平庸。克服惰性，是一个人走向成功的开始！

阻碍一个人成功的，往往不是外界因素，也不是你的能力因素，而是你的惰性。

惰性，对成长成才来讲是十分有害的，它会把一个很有潜力的成才主体变为庸人。但是，你也不要悲观地认为，你身上的惰性就比别人多，以至于痛苦终生。

人人都想成功成才，为什么不少人总是错过机会？很重要的原因就是行为被惰性偷走了。惰性是专偷行为的坏蛋，它在偷窃你的行为时，常常给你构筑一个“舒适区”，让你早上躺在床上不想起来，起床后什么也不想干，能拖到下午的事上午不做，能拖到明天的事今天不做，能推给别人的事自己不做，不懂的事不想问，不会做的事不想学。

它让你的思想和行动停留在这个“舒适区”里，对任何舒适以外的思想、行动，都觉得不舒适、不习惯。惰性这个坏蛋能偷走人们的希望、你我的健康、成才者的成长成才。它带给人们的不良习惯和后果将是积重难返的。有的学生遇到难题不去及时问老师，后来问题越来越多，成绩越来越差；有的商人因不能及时做出关键性的决定而痛遭失败；有的病人没有及时就医，延误了看病时间，从而造成无法挽救的悲剧。

当你准备做一件事时，惰性这个坏蛋就会对你暗示：“明天再干吧！”这时，你应马上提醒自己：“今天能做的事，决不能等到明天。因为这个‘明天’将会遥遥无期，定会变成明天的明天，而且它永远不会来临。”

当你面临困难和挫折时，惰性这个坏蛋又会找出种种理由暗示你停下来。这时，你就应立即提醒自己："成长成才不会等待任何人，我如果犹豫不决，它就会跟随别人，永远离我而去。"

惰性会让一个人一事无成。

有个懒人，总觉得工作太过辛苦。别人给他介绍各种工作他做不完一个星期就跑回家了。父亲很为儿子担心，因为人总是要生存的。他担心孩子的懒惰会让他饿死。于是，父亲四处托朋友帮忙。可是大家都知道这个年轻人太懒惰，已经没人愿意帮助他了。经不起老父亲的再三请求，有位朋友就为懒人找了一份工作，并告诉父亲说，这个工作什么都不用干，只要坐在那儿就行了。父亲很高兴，就让儿子去工作了。

原来这是看守墓园的工作，的确什么也不用干。父亲觉得这工作挺适合自己的懒儿子，只要每天坐在椅子上，不用做任何其他的，相信儿子总能做好。

可是没有过几天，懒人又辞掉了守墓的工作。父亲以为是工作没有想象的轻松，便问儿子有什么辛苦的地方。年轻人抱怨道："太不公平了，在整个墓场里，所有的人都是躺着的，只有我一个坐在那里。这么辛苦的工作，我才不干！"

懒惰是成功的绊脚石。快乐的生活不是得过且过，而是应该有着自己的目标。克服自己的懒惰是到达成功必须要做的。不克服懒惰，就是自己和自己过不去。

一位成功的人士说，自己在当业务员的时候，经常凌晨接到客户的电话，说电脑的程序出了问题需要解决。从热乎乎的被窝中爬出来，真恨不能把电话给砸了。可是他知道往往这样的客户是最忠实的客户，他们信任自己，有问题第一个想到的就是自己。就是这样的客户支持了这位老总成立了自己的公司。

同样是一个轿车，为什么德国人就能把它经营成一种荣耀；同样是一个表壳，同样是一把小刀，为什么瑞士人能制造得精致漂亮、无可挑剔。我们无法丢掉骨子里的惰性。小到个人，大到一个国家，要想在竞争中获得胜利，就必须把骨子里的惰性打掉。

你也许要问："怎么才可以克服自己的惰性而把自己推动起来呢？"

当然惰性实在是很不容易克服的一件东西。

没有多少人不懒惰。那些勤奋的人，都是一些意志的力量在推动他的。我们应当清醒地看到：即使坚强的巴顿将军、伟大的林肯等，他们都有惰性，只是由于他们具有坚定的信念，能够很好地对待、控制并击败它。在坚定的信念面前，惰性就变为乌有。

所以，我们不妨说："意志是克服惰性的一种力量。"而这意志的形成，是要靠一个值得所求的目标。有这个目标在那里等待我们去达到，我们就觉得有理由把自己发动。

惰性人人有。能够克服自己的惰性为自己的目标始终能坚持做下去的人，奋斗下去的人，准能成功，准能出人头地。

努力，不代表你已经尽力

我们经常会听到类似的说法：这件事我已经尽力了，但还是没有成功，我无怨无悔。是的，我来了，我努力了，我奋斗了，即使输了，也没有任何值得遗憾的。只是，还有一个小小的——但是却很重要的问题：你所谓的“尽力”，是尽到了哪种程度的力呢？是不是“尽力”之后，就连吃饭、走路也使不出力气了呢？如果不是如此，怎么能说自己已经尽力了呢？

某位著名的法学家课堂上曾这样对学生说：“在你为一个案子辩论时必须竭尽全力，如果你掌握了有利的人证物证，就抓住事实毫不放松。如果你掌握了有利的条文，就用法律拼命地攻击对方。”

这时，一个学生突然发问：“如果既没有有利的事实，也没有有利的法律条文，应该怎么办？”

这位法学家想了一下说：“即使碰到这种最糟糕的情况，你还是要想方设法，在法律许可范围内尽量制造有利于己方的证据以及寻找对方的漏洞。”

“实在是因为客观原因才会失败。虽然输了，可是我们也已经尽力了。”——我们经常会听到诸如此类的自我辩解。然而，这常常只是一个不负责任的借口而已。

所谓的“尽力”，是否意味着你已经绞尽脑汁、用尽才华，发挥了所有潜能，动用了所有可以利用的人力、物力……

如果不是，怎么能说自己尽了力呢？

不论对手是谁，不论有什么理由，人生的意义其实就是拼命争取胜利。或许有的人认为这未免太冷酷无情了，但竞争激烈的现代社会就是这般残酷！

德国大音乐家贝多芬说："在困厄颠沛的时候能坚定不移，这就是一个真正令人敬佩的人的不凡之处。"

遭遇紧要关头，绝对不可以松懈，必须想尽办法、拼尽全力冲破难关。一旦你穿过了这道瓶颈，前程就会豁然开朗，进入另一个光明灿烂无比顺畅的人生阶段。这就是"山重水复疑无路，柳暗花明又一村"的道理。

英国一位名人说："谁以为命运女神不会改变主意，谁就会被世人所耻笑。"

要学会衡量得与失

一个青年去寻找深山里的智者，向他请教一些人生问题："请问大师，你生命中的哪一天最重要？是生日还是死日？是上山学艺的那一天，还是得道开悟的那一天？"青年连珠炮似的问。

"都不是，生命中最重要的是今天。"智者不假思索地答道。

"为什么？"青年甚为好奇，"今天发生了什么惊天动地的大事？"

智者说："即使今天没有任何来访者，今天也仍然重要，因为今天是我们拥有的唯一财富。昨天不论多么值得回忆和怀恋，它都像沉船一样沉入大海底了；明天不论多么灿烂辉煌，它都还没有到来；而今天不论多么平常、多么暗淡、它都在我们手里，由我们自己支配。"

青年还想问，智者却收住话头："在谈论今天的重要性时，我们已经浪费了我们的'今天'，我们拥有的'今天'已经减少了许多。"青年若有所思地点点头，他明白了什么是当下。

我们说世间万物都是活在当下的。我们的每一个明天都是由今天，这一时，这一分，这一秒组合而成。过好当下的时刻，做好手边正在做的事，才能对得起我们的明天，对得起我们的未来，对得起我们的生命。

在人生的旅途中，没有人能预知自己的未来，未来的自己是会成功地赢得满堂喝彩，还是一直平淡、落寞都没有人能提前知晓。

要知道，人生最重要的时刻就是当下所拥有的时光，过去的已然成为了过去，无法回头，未来不可把握，只有把握好现在才是我们最应该做的事。

从前有个年轻英俊的国王，他既有权势，又很富有，但却为两个问题所困扰，他经常不断地问自己，他一生中最重要的时光是什么时候？他一生中最重要的人是谁？他对全世界的哲学家宣布，凡是能圆满地回答出这两个问题的人，将分享他的财富。哲学家们从世界各个角落赶来了，但他们的答案却没有一个能让国王满意。

这时有人告诉国王说，在很远的山里住着一位非常有智慧的老人，也许老人能帮他找到答案。国王到达那个智慧老人居住的山脚下时，他装扮成了一个农民。

他来到智慧老人住的简陋的小屋前，发现老人盘腿坐在地上，正在挖着什么。“听说你是个很有智慧的人，能回答所有问题，”国王说，“你能告诉我谁是我生命中最重要的人？何时是最重要的时刻吗？”

“帮我挖点土豆，”老人说，“把它们拿到河边洗干净。我烧些水，你可以和我一起喝一点汤。”

国王以为这是对他的考验，就照他说的做了。他和老人一起待了几天，希望他的问题能得到解答，但老人却没有回答。

最后，国王为自己和这个人一起浪费了好几天时间感到非常气愤。他拿出自己的国王玉玺，表明了自己的身份，宣布老人是个骗子。

老人说：“我们第一天相遇时，我就回答了你的问题，但你没明白我的答案。”

“你的意思是什么呢？”国王问。

“你来的时候我向你表示欢迎，让你住在我家里。”老人接着说，“要知道过去的已经过去，将来的还未来临——你生命中最重要的时刻就是现在，你生命中最重要的人就是现在和你待在一起的人，因为正是他和你分享并体验着生活啊。”

无论是谁，都是活在当下的一种动物。智慧老人告诉国王和我们的一个道理就是：不论在谁的一生中，最重要的时刻都在于当下正在做的事；最重要的人就是跟你实实在在生活在一起并永远跟你在一起，陪伴你度过一生的人！

把握好当下的时光，才能更好地拥有未来。如果你当下正在读一本好书，就请认真仔细地把它读完，并写下你的感悟；如果当下你正在为工作烦忧，就请先暂时抛开烦恼，认真做好当下的事情；如果现在你有什么想要实现的梦想，就请立即行动，朝着目标迈进。

对比“未来”，“现在”却是可以为我们控制、把握的，我们现在正在做的事，所说的话，都可以被我们把握。要知道，每一个未来都是由当下的一点一滴组成的，当下所做的事，对生活所持的态度都会影响到我们的未来。如果你把握好了当下的每时每刻，努力工作、努力学习，那就能更好地掌握自己的人生，赢得自己的未来，但若只一味地白日做梦，只知道怨天尤人，那“未来”永远都只能是一个美丽的幻想。

在20年后的一次同学聚会上，昔日的同窗都在觥筹交错间谈论着当年在一起的美好时光。二十多个春秋，改变了太多的人和事，不变的是同学之间那份浓浓的情谊。阔别太久，在回忆中寻找话题，不自觉地话题就说到了毕业聚会上各自慷慨激昂的理想，然后开始有人盘点究竟都有谁实现了梦想。

昔日梦想成为一名科学家的班长如今已是某县团委书记，昔日想成为一名医生、救死扶伤的同学如今正在经营一家医疗器械公司，而昔日梦想当歌手的同学如今却已成为一家连锁饭店的老板……

同学中，有的风光阔绰，有的平淡落寞，但当说到年少时的梦想与现在的生活时，每个人几乎都唏嘘感叹，也都说出了许多阻止自己实现梦想的困难和理由……最后，所有人的目光都聚集到当年因一场意外灾难受伤辍学而没能完成高中学业的“小作家”身上。同学们都关心地询问了小作家离开学校后的近况，却被告知小作家已经成功地实现了他当初的梦想，成为了一位作家，并于去年加入了省作家协会，至今已经出版了10本书了，并给在场的每个人分别分发了一本。大家迫不及待地翻看小作家的书并纷纷感叹，羡慕小作家实现了自己的梦想，当大家问到小作家是如何实现自己梦想的时候，小作家只是拿起笔，在送给同学们书的扉页上写着这样一句赠言：“把握现在，有梦就在‘现在’去实现它。”

光阴是杆公平的称，从不偏袒任何人，它给勤劳朴实的人以安乐，帮聪明刻苦的人实现理想，而留给懒惰的人空虚与懊悔。

珍惜光阴，把握当下，抓住生活中的点滴，有梦想就去早日实现它。美国的

“发明大王”爱迪生，12 岁当报童，由于他抓紧时间孜孜不倦地学习，16 岁就发明了电话自动拨号机，一生竟有 1000 多种发明创造，79 岁时，他对客人说：“我有 135 岁了。”这岂不奇怪？原来爱迪生每天工作 18 小时以上，另一种角度来说这也就是使自己的生命得到了延长。

其实命运完全掌握在我们自己手中，究竟如何过好每一天，没有人会帮我们设定，需要我们自己脚踏实地地去耕耘。你为你的目标忙碌了、付出了，当这一天结束的时候，你就会收获，哪怕是一点小小的成功。因为你做了，所以你的心不再空虚；因为你收获了，所以你幸福着！

过好当下的时刻，当我们欣赏一处风景时，并不急着离开去寻找下一处美景，而真正地感受当下。在那个时刻，在我们的思维里，世界上其他的风景已经不存在了，只有当下的景物令我们陶醉——当我们用心灵深深感受当下，完全与我们所做、所看、所处的环境融为一体时，就是全然投入。

鲁迅先生说：“杀了现在，也便杀了未来。”就是告诉我们，要想赢得未来，就应该抓住当下的时刻，把握好现在。

让生命激情燃烧

在以培养世界上最杰出的推销员著称于世的布鲁金斯学会，有一个传统，就是在每期学员毕业时，设计一道最能体现推销能力的实习题，让学生去实习。

20 世纪 70 年代，布鲁金斯学会的一名学员成功地把一台微型录音机卖给了当时的总统尼克松，获得该学会的“金靴子”奖。

在克林顿当政期间，布鲁金斯学会给学员出了这么一道题目：请把一条三角裤推销给现任总统。在这 8 年间，有无数学员为此绞尽脑汁，最终都失败了。

小布什上台后，布鲁金斯学会把题目换成：请把一把斧子推销给小布什总统。由于“金靴子”奖已经空置了 28 年，许多学员对此类实习题失去了信心，知难而退。他们都认为总统什么都不缺，他根本没有必要去买一把斧子。

然而，有个叫乔治·赫伯特的学员自愿报名，要去向总统推销斧子。他的亲朋好友都劝他别想入非非，可他认为，只要自己想干，总会有希望。他有了“我要做”的强烈愿望，就产生了热情。这促使他去思考，去调查研究。然后，他给小布什写了一封信，说：“有一次，我参观您的农场，发现树上有许多枯树枝需要砍去。我想，您一定需要一把既能锻炼身体又能砍伐枯树枝的斧子。现在，我这儿正好有一把这样的斧子。假若您有兴趣，请按这封信所留的信箱，给予回复。”

最终，乔治·赫伯特成功地把一把斧子推销给小布什总统，布鲁金斯学会把一只刻有“最伟大推销员”的“金靴子”奖给了他。据说乔治·赫伯特的能力在这批实习的学员中并不是最好的，他能获得“金靴子”，凭的就是“我要做”的热情。

如果把热情比作火种，那么潜能就像燃油，用你的热情去点燃你的潜能，就能把你身上的智能和优点充分地发挥出来。

科学家吉耶曼和沙利，为了研究下丘脑激素，历经了 21 年的磨难，一个失败接着一个失败，以至于失去了专家们和研究经费资助者的支持。可他们还是毫不气馁，充满了热情，在解剖了上万只羊脑之后，终于获得了成功，并于 1977 年荣获诺贝尔化学奖。

后来，有人问他们是怎样成功的。一个说：“靠的是‘我要做’的愿望。”另一个回答说：“我们有‘死不改悔’的决心。”

正是这份强烈的愿望，化作惊人的热情，从而产生了无坚不摧的力量。我们从他们身上可以发现，人的丰富想象力，大胆的追求，蓬勃的朝气，充沛的精力，这一切同热情是分不开的。

一个英语培训班，老师问两个来报名的学生：“你们报哪个班？”一个说：“我要报英语班。”另一个学生回答：“我爸要我报英语班。”

一年后，那个“我要报英语班”的学生，学习成绩优异，排在全班的前三名；而那个“我爸要我报英语班”的学生，口试和笔试都不及格。

这两个学生在同一个班学习，智力不相上下，但学习成绩却相差很大。

绝大多数失败者的生活都是建立在不得不做的基础上的。“我爸要我报英语班”的那个学生，他自己本来就不愿学英语，是他爸非要他这么做。而那个“我要报英语班”的学生，是自觉自愿的。这意味着有了“我要学”“我想学”“我喜欢学”这种愿望，就能产生热情，有了热情，英语就自然能学好。

人在做“我想做”“我要做”的事时，才会动脑筋，想办法，克服一切困难去完成。不知你观察过没有？世上许多做得好的工作，都是在热情推动下完成的。

人们常说，热情大于本领，这话一点也不过分。就像火种大于燃油一样，一桶再纯再纯的燃油，无论它的质量怎么好，如果没有小小的火柴将它点燃，也不会发出半点光，放出一丝热。

每个人身上都拥有热情，所不同的是，有的人热情只能保持几分钟，有的人只能保持几天或几十天，但是一个真正的成功者，却能让热情保持几十年，甚至一辈子。

不少人失败的原因，不是没有能力，也不是没有机会，而是失去了热情。一个人一旦失去了热情，惰性就会乘虚而入，人会变得老气横秋，暮气沉沉，毫无生气。这样的人纵有天大的本事，他的才华也“横溢”不出来，人就会像断了油的灯，缺少了燃料的飞机、轮船一样。

钢琴的琴弦要保持在正确的音符上，就必须反复“调正”。一个人要把自己身上的热情充分地发挥出来，同样也需要有意识地去“调正”。如果我们整天为单调、重复、琐碎的事情所困扰，失去了工作和生活的积极性，那么我们就要把“要我做”的事，调整为“我要做”的事，让我们心中的热情不断地燃烧起来。

做好每一件事

富兰克林曾说过：把握今日就等于拥有两倍的明日。俄国作家赫尔岑认为：时间中没有“过去”和“将来”，只有“今天”才是现实存在的时间，才是实实在在的，才是最有价值和最需要人们利用的时间。

在生活中，我们更常见的却是那些将今天该做的事拖延到明天。更有甚者，相当的一部分人即使将事情拖延到明天依旧无法做好。对此，你的正确态度应该是：今天的事情今天就要做完，否则你将无法做成那些大事，也不太可能取得成功。

对于那些珍惜时间的人而言，今天才是最珍贵的，今天的成就就是明天更好的开始。没有今天，明天就会一无所有。所以，成功人士会抓住今天的时光，为自己积累财富，那些总想着还有明天的人，永远都不会有所成就。

如果你总是把问题留到明天，那么，明天就是你的失败之日。同样，如果你计划一切从明天开始，你也将失去成为行动者的所有机会。因为明天，只是你愚弄自己的借口罢了。

那些总是把问题留到明天的人其实就是自己给自己出难题，今天的事情都不能够完成，指望着明天，那么，明天的事情又将如何解决呢?

寒号鸟的故事相信大家都耳熟能详了：在遥远的大森林里，阳光明媚，鸟儿们辛勤地劳动。其中有一只寒号鸟，它有着一身漂亮的羽毛和嘹亮的歌喉。每天它都到处卖弄着自己的羽毛和嗓子，看到别的鸟儿辛勤劳动反而嘲笑它们不会生活。好心的鸟儿提醒它说：“冬天快来了，赶快准备好房子吧！”

寒号鸟不以为然：“冬天还早呢，这么好的时光还是尽情地玩吧！”

就这样，眨眼间冬天来到了，天空飘起了雪花。鸟儿们都躲在自己暖和的窝里，而寒号鸟却在寒风中发抖。

第二天，太阳出来了，寒号鸟却早已被冻死了。

生活中的我们不也会因为这样得过且过，从而让自己错过许多本来可以得到的东西吗？

著名作家玛丽亚·埃奇沃斯对于“从今天做起”而不是“从明天开始”的重要性有着深刻的见解。她在自己的作品中写道：“如果不趁着一股新鲜劲儿，今天就执行自己的想法，那么，明天也不可能有机会将它们付诸实践；它们或者在你的忙忙碌碌中消散、消失和消亡，或者陷入和迷失在好逸恶劳的泥沼之中。”

在古代，有一个农夫，他听说要是能够找到地底下埋藏着钻石的土地就可以过上富足的生活了。于是，农夫卖掉自己的土地充作盘缠出去寻找埋藏着钻石的地方。终其一生，农夫虽然踏遍了千山万水，但却最终没有发现钻石，穷困潦倒中客死他乡。无巧不成书，那个买下这片土地的人在耕作的时候，无意中发现了一块透明的石头。经人鉴定，这是一块钻石。这个“农夫寻宝”的故事绝对是发人深省的：生活给予我们的实在太多了，可惜大多数人都不懂得珍惜。钻石就在我们身旁，关键是我们要有一双发现生活、发现钻石的慧眼。

今天行动应该成为你奉行的原则。不要把今天的工作推迟到明天来做，一定要今天的工作今天来完成，甚至争取今天完成明天的工作。如果你想要冲破你的人生难关，现在就去做！行动迅速可以使你抢占先机，同时使你的对手在短时间内反应不过来。这样，你就可以控制主动权。每一个人都要认识到自己的每一次行动，都是一次赢得时间、赢得金钱的行动。

踏实行动。在你拥有了自己的行动目标后，马上争取时间付诸行动。这就犹如赛车一样，当你给自己的车加了足够的油，弄清了赛车的线路，检查好了所有的设备，要想成功地抵达目的地，还得需要把车开起来，并保证足够的动力。

不要去幻想，要立即行动。我们总是自欺欺人地暗示自己：只需等待，美好的未来便会自然而然地出现。某个时刻，以某种方式在某一天，它就会出现。然而，就是这个画饼充饥的愿望，却无孔不入、无处不在地存于我们的生活之中。

如果我们希望取得某种现实而有目的的改变，那么，我们便必须采取某种现实而有目的的行动。这对于我们是否能够主宰自己的生活至关重要。

如果你时时想到“今日”，就会完成许多事情；如果常想“将来有一天”或“将来什么时候”，就是自己和自己过不去，将一事无成。

合理利用时间

成功者都非常珍惜自己的时间。因为他们知道，失去了时间就永远无法翻本，而利用好时间就是赢得了最大的资本。

世界最大的钢铁企业——伯利恒钢铁公司的总裁查理斯·舒瓦普会见效率专家艾维·利，会见时，舒瓦普说他自己懂得如何管理，但事实上公司不尽如人意。他说："应该做什么，我们自己是清楚的。如果你能告诉我们如何更好地执行计划，我听你的，在合理范围内价钱由你定。"

艾维·利说可以在10分钟内给舒瓦一样东西，这东西可使舒瓦普公司的业绩提高至少50%。然后，他递给舒瓦一张空白纸，说："在这张纸上写下你明天要做的最重要的六件事，然后用数字表明每件事情对于你和你的公司的重要性次序。"

这个过程大概只花了5分钟。

艾维·利接着说："现在把这张报纸放进口袋，明天早上第一件事就是把这张纸条拿出来，着手办第一件事，直至完成为止。然后，用同样方法对待第二件事，第三件事……直到下班为止。如果你只做完第一件事情，那不要紧。你总是做着最重要的事情。"

艾维·利又说："每一天你都要这样做。你对这种方法的价值深信不疑之后，叫你公司的人也这样干。这个实验你爱做多久就做多久，然后给我寄支票来，你认为值多少就给我多少。"

整个会见不到半个钟头。几个星期之后，舒瓦普给艾维·利寄去一张25万美元的支票，还有一封信。信上说那是他一生中最有价值的一课。

在所有资源中，时间不同于其他资源，它没有弹性，找不到代用品来替代它，而且时间永远是短缺的。时间既不能停止，也不能保存。因此，管理利用好时间，它将为人生赢得最大的资本。

下面是几种利用时间的妙招，也许可以给你以启示：

1. 把握好零碎时间

在古老的、生活节奏缓慢的马车时代，用一个月的时间经过长途跋涉才能走完的路程，我们现在只要几个小时就可以穿越。但即使在那样的年代，不必要的耽搁也是犯罪。文明社会的一大进步是对时间的准确计量和利用。

把零碎时间用来从事零碎的工作，从而最大限度地提高工作效率。比如乘车时，在等待时，可用于学习，勇于思考，用于简短地计划下一个行动等。充分利用零碎时间，短期内也许没有什么明显的感觉，但长年累月，将会有惊人的成效。

在位于费城的美国造币厂中，在处理金粉车间的地板上，有一个木制的盒子。每次清扫地板时，这个格子就被拿了起来，里面细小的金粉随之被收集起来。日积月累，每年可以因此节约成千上万美元。

事实上，每一个成功人士都有这样的 1 个“盒子”，用于把那些零碎的时间，那些被分割得支离破碎的时间，都收集利用起来。等着咖啡煮好的半个小时，不期而至的假日，两项工作安排之间的间隙，等候某位不守时人士的闲暇等，都被他们如获至宝般地加以利用。而那些被称之为瞬间的点点滴滴充分利用起来，便产生了奇迹。

2. 巧妙利用交通时间

生活在大都市，通常人们每天早上要花上 1 个小时在路上，而下班回家时又要花上 1 个小时。很明显，有两方面值得你认真考虑一下：

（1）你是否能缩短交通时间？

（2）你能否有效地利用这些时间？

对于如何有效地利用上下班的交通时间这一问题，要因人而异。对于有车一族来说，随手打开车上的收音机任意播放节目，但这并不是利用时间的最好办法。

你可以采取一点别的更加有效的方法：在早晨业务汇报之前，把有关事项先想清楚；分析业务、私人问题或可能发生的事；在心里面为一天的工作先计划一番。

对于无车一族来说，北京有很多白领女士利用上班路上塞车的时间进行化妆。当然，还有很多人一上车就利用手机开始办公了。

重要的是避免由惰性或习惯来决定如何利用上班交通的时间。在这段时间里，要有意识地决定把注意力集中在什么方面。你会惊奇地发现，如果不浪费这段时间将会获得多么宝贵的益处。

3. 避免时间浪费

随着互联网的发达，人们打发空闲时间也更方便了。没事做了，就上网聊天，玩游戏。尤其是许多年轻人，除了工作、睡觉，其他时间几乎被网络占去了大部分。有些人甚至能花整晚的时间玩游戏，这是多么可惜！

下面有避免浪费时间的 6 条小技巧，供大家参考：

（1）如果这件事情不需要上网就可以完成，把网断掉。对于某些人来说，上网就是浪费时间的头号敌人。要办正事时，一定控制自己。

（2）延长查看电子邮件的周期。包括看小说、玩游戏都包括在内。

（3）如果手边的工作或学习很重要，工作期间不要接电话，回头再打过去就是了。当你在工作、思考、创意和学习时，最好把电话话筒拿起来，手机关机。

（4）如果你的工作环境让你不能工作，换个没人打扰的地方。比如在图书馆自习室、环境好一点并清静的咖啡厅和茶座看书或工作，效率会很高。

（5）不只是看电视，就是看韩剧、电影和动画片也是一样，看起来是很爽，但很浪费时间。

（6）平衡你的娱乐和工作时间。分配好工作和娱乐的比重，不要过于极端。玩游戏要适可而止。

拒绝拖延，培养好习惯

对每一个渴望有所成就的人来说，拖延是最具破坏性的，它是一种最危险的恶习，它使人丧失进取心。

拖延有很多外表的伪装——懒惰、漠不关心、健忘、工作过量——但这种伪装的后面通常有一种情绪：恐惧。恐惧导致拖延，而拖延则会导致更深的恐惧。拖延者常常被工作的分量和复杂性所吓倒，他们害怕自己无法完成任务，结果就会不自觉地把工作一拖再拖。

盛大总裁唐骏曾说过一句话："比别人勤奋一点点，就能超前别人一大步。"

马利欧企业的创始人马利欧，多年来每天工作 18 小时。他说："每周只工作 40 小时的人，不会太有出息。"他的工作哲学是"星期一到星期五是在保持竞争力不落人后，星期六与星期日拿来超越他人。"

拖延只会导致一个人步入平庸。它对人的最大危害，其实并不仅仅在所拖之事上，它会侵蚀人的意志和心灵，消耗人的能量，阻碍人的潜能的发挥。处于拖延状态的人，常常陷于一种恶性循环之中不能自拔，最后只能将问题在自己身上越积越多。

在一些失败的企业里，拖延是一种普遍现象。比如：琐事缠身，无法将精力集中到工作之中，只有被上司逼着才向前走，不愿意自己主动开拓；反复修改计划，有着极端的完美主义倾向，该实施的行动被无休止的"完善"所拖延；虽然下定决心立即行动，但就是总找不到行动的方法；做事磨磨蹭蹭，有着一种病态的悠闲，以致问题久拖不决；情绪低落，对任何工作都没有兴趣，也没有什么人生的憧憬。

一旦开始遇事推托，就很容易再次拖延，直到变成一种根深蒂固的习惯。

另外，喜欢拖延的人往往意志薄弱。他们或者不敢面对现实，习惯于逃避困难，惧怕艰苦，缺乏约束自我的毅力；或者目标和想法太多，导致无从下手，缺乏应有的计划性和条理性；或者没有目标，甚至不知道应该确定什么样的目标。

人的惰性是一种可怕的精神腐蚀剂，它可以让人整天无精打采，生活消极颓废，甚至使人性低落到不如其他动物的层次。美国科学家、物理学家、发明家、政治家、社会活动家富兰克林就曾经说过："懒惰就像生锈一样，比操劳更能消耗我们的身体。"而萧伯纳则说："懒惰就像一把锁，锁住了知识的仓库，使你的智力变得匮乏。"

在工作中，因懒惰而拖延是一种最不能得到原谅的行为。

恩科公司的总裁约翰·钱伯斯先生对此评论说："拖延时间常常是少数员工逃避现实、自欺欺人的表现。然而，无论我们是否在拖延时间，我们的工作都必须由我们自己去完成。通过暂时逃避现实，从暂时的遗忘中获得片刻的轻松，这并不是根本的解决之道。要知道，因为拖延或者其他因素而导致工作业绩下滑的员工，就是公司裁员的必然对象。"

迈克是伦敦一家公司的一名低级职员，他的外号叫"奔跑的鸭子"。因为他总像一只笨拙的鸭子一样在办公室跑来跑去，即使是职位比迈克还低的人，都可以支使迈克去办事。

后来迈克被调入了销售部。有一次，公司下达了一项任务：必须完成本年度500万美元的销售额。

销售部经理认为这个目标是不可能实现的。私下里，他开始怨天尤人，并认为老板对他太苛刻，为了使公司降低年度销售指标，有意将与之相关的工作计划一拖再拖。

只有迈克一个人在拼命地工作，到离年终还有1个月的时候，迈克已经全部完成了他自己的销售额。但是，其他人没有迈克做得好，他们只完成了目标的 50%。

经理主动提出了辞职，迈克被任命为新的销售部经理。“奔跑的鸭子”迈克在上任后忘我地工作。他的行为感动了其他人，在年底的最后一天，他们竟然完成了剩下的 50%。

不久，该公司被另一家公司收购。当新公司的董事长第一天来上班时，他亲自点名任命迈克为这家公司的总经理。

因为在双方商谈收购的过程中，这位董事长多次光临公司，这位“奔跑”的迈克先生给他留下了深刻的印象。

“如果你能让自己跑起来，总有一天你会学会飞。”

这是迈克传授给他的新下属的一句座右铭。

我们常常因为拖延时间而心生悔意，然而下一次又会惯性地拖延下去。几次三番之后，我们竟对这种恶习习以为常，以致漠视了它对工作的危害。

1989 年 3 月 24 日，埃克森公司的一艘巨型油轮在阿拉斯加触礁，原油大量泄漏，给生态环境造成了巨大破坏。但埃克森公司因一时拿不出面向外界的合理解释，将此事一拖再拖，终于引起众怒，以致引发了一场“反埃克森运动”，甚至惊动了当时的布什总统。最后，埃克森公司因此事直接损失达几亿美元，形象严重受损。

拖延并不能使问题消失也不能使解决问题变得容易起来，而只会使问题深化，给工作造成严重的危害。无论是公司还是个人，没有在关键时刻及时做出决定或行动，而让事情拖延下去，就会使没解决的问题，由小变大、由简单变复杂，像滚雪球那样越滚越大，解决起来也就越来越难。

那些经常说“唉，这件事情很烦人，还有其他的事等着做，先做其他的事情吧”的人；那些将“今天该做的事拖到明天，现在该打的电话等到一两个小时以后才打，这个月该完成的报表拖到下个月”的人，总是奢望随着时间的流逝，难题会自动消失或有另外的人解决它。须知，这不过是自欺欺人。随着完成期限的迫近，工作的压力反而与日俱增，只会让他们感觉更加疲惫不堪。

因拖延使工作变得越来越复杂，解决起来越来越困难，这不是自己给自己出难题吗，自己跟自己过不去吗？

如果你希望通过拖延在一个公司混日子，那你就犯了一个大错误。你在工作上的拖延虽一时侥幸蒙骗了你的雇主，但却使你从此变得更加平庸。优秀的员工做事从不拖延，他们知道自己的职责是什么，在上司交办工作的时候，他们只有两个回答。“是的，我立刻去做！”或是“对不起，这件事我干不了”。某件工作能做就立刻去做，不能做就立刻说出自己不能做。拖延与优秀员工无关。

商场就是战场，工作如同战斗。要想在商场上立于不败之地，就必须摒弃拖延的恶习，拖延只能导致平庸的结局。如果你想打破平庸的生活模式，完成从优秀到卓越的跨越，请丢掉糊弄工作的态度，从今天开始拒绝一切拖延的习惯。

定律 11

闭门即是深山，读书随处净土

不要一错再错

人生难免遭遇挫折，遇到难题，犯错误，有的人能客观地对待这一切，懂得冷静地分析，而有的人碰到这种情况，却一味地抱怨、埋怨，或一蹶不振，认为自己多么倒霉，不知道如何去停止自己的错误，这样错误就无法得到改正和弥补，还很可能会一错再错。

凡是有成就的佼佼者，他们都知道错了就要停下来，反思一下，反省一下，找到更正或弥补的方法，这样就离幸运又近了一步。

如果有人说你不行，你难道就真的也认同自己不行？你怎么不去试试看自己到底行不行？著名的心理学家阿德勒博士在小时候有过一次体验，通过他的例子，完全可以说明一个人要想获得幸运，就要敢于纠正别人对自己的错误看法。

阿德勒刚开始上学时算术很糟，老师深信他是“小倒霉蛋”，并把这一结论告诉了他的父母，让他们不要对儿子期望过高。他的父母也信以为真。阿德勒被动地接受了他们对自己的评价，而且他的算术成绩似乎也证明他们是对的。

但是有一天，他心里闪过一个念头，觉得自己忽然解出了老师在黑板上出的一道其他人都不能解答的难题。他就把自己的想法对老师说了，老师和全班学生哄堂大笑。于是他愤愤不平地几步跨到黑板前面，把问题解了出来，使在场的人目瞪口呆。这件事情以后，阿德勒认识到自己完全可以学好算术，对自己的能力有了自信，后来成为一个数学成绩出类拔萃的学生。

正是因为重新审视自己，阿德勒停止了一味服从的选择，用更好的行动摆脱了“倒霉蛋”的阴影。

有一位企业家，他想在公开演说中取得成功，因为他在一个领域有重大突破，想让大家知道这个消息。他的嗓音很好，演讲的话题也很吸引人，但他不能在陌生人面前讲话。阻碍他的原因是他的信念，他认为自己讲得不好，不会给听众留下好印象，还认为自己不具备引人注目的外表……他“不像一个成功的企业管理人”。这个信念在他心上烙下了深深的痕迹，所以，每次他站在一群人面前开始说话时，便受到这个信念的阻碍。他错误地得出结论说，如果他能动一次手术整一下容，改善外表，他就会产生必要的自信。

整容手术其实并不一定能够解决问题，肉体的变化并不能绝对保证个性的改变。一旦他相信正是自己的消极信念妨碍了他发表这个重要消息时，他的问题也就迎刃而解了。

谁都难免犯错，就连大师也一样。大师也是人，既然是人，孰能无过？有了过错不要紧，只要不是致命的，关键在于如何对待过错。特别是知道错了后，要知道及时地停下来，想一想纠正错误的办法，下面这个例子，就对我们很有启发。

1965 年，巴菲特买下伯克希尔纺织公司的控制权，当时公司的账面价值约为 2200 万美元，将全部的资金集中在纺织事业。虽然巴菲特很清楚纺织这个产业没有什么前景，却因为它的价格实在便宜而受其诱惑。事实上，早在此九年前伯克希尔就发生了亏损，虽然有时也会获利，但总是进一步，退两步。

自从买下伯克希尔后，公司从未赚到什么钱，即使在景气高峰时也一样。虽然后来伯克希尔进军保险业，进行多样化经营，使纺织业不佳的业绩对于公司整体影响越来越轻，但是巴菲特并不想将其出售，因为他认为这个公司是当地非常重要的雇主，管理层能坦诚面对困境并努力解决问题，员工又能体谅困境并极力配合，最后，公司还能产生稳定的现金收入。而事实证明最后一点是错的，因为以后的日子这个公司不断地耗用大量的现金，依然还是面对国外低成本的竞争，如果不继续投资，公司将更不具竞争力。大量的资本支出虽然可以让公司活着，但投资报酬却少得可怜。虽然公司的高管极具干劲而且很有创意，但结果最后一点用也没有。最终的结果是“悲惨”的，在拍卖纺织机器设备时，原始成本为 1300 万美元，经加速摊提折旧后，账面价值只有 86 万，要知道当时买一套全新的设备要三五千美元。整厂的机器设备经处理只收到 16 万美元，扣除所耗费的成本，最后一毛也不剩，在此几年前买的 5000 美元一只纺纱开价 50 美元都没人要，最后以 26 美元的价格卖出，连付搬运工的工资都不够。

巴菲特投资伯克希尔纺织公司之所以发生重大失误，根本原因是因为当时美国国内纺织业所面临的全球纺织品产能过剩的激烈竞争，加上国外低劳工成本的强力竞争，而伯克希尔公司恰好是不具长期持久性竞争优势的企业。虽说巴菲特失败了，但留给他的教训也是极其深刻的。他在反省以前的错误时后悔地说：如果当时知道错了后，能停下来好好想想错在哪里，也就不至于损失如此之大。

所幸，最终巴菲特还是在错误面前停了下来，他找出了错误的原因和改正错误的方法。他在总结这一段经历时深有体会：一只能数到 10 的马是只了不起的马，却不是了不起的数学家，同样，一家能够合理运用资金的纺织公司是一家了不起的纺织公司，却不是什么了不起的企业。对待像伯克希尔纺织公司这类企业，他又说，当你遇到一艘总是会漏水的破船，与其不断白费力气去补破洞，还不如把精力放在如何换条好船上。

正是因为巴菲特在错误面前停了下来，勇于承认错误，善于总结经验教训，不断地修正错误，才一步步地走向成功，最终造就他的辉煌。

想清楚，坚持住

机会是自己去把握的，能否幸运在于你的选择！今天的生活源于我们昨天的选择，明天的发展源于今天的选择。比尔·盖茨在谈到他的成功经验之时说：我的成功在于我的选择，如果说有什么秘密的话，那么还是两个字——选择！

有一天，一只鸡啄来啄去满地寻找食物，它要给自己和自己的孩子寻找可以填饱肚子的东西。突然间，它从一堆废弃的树叶中发现了一颗珍珠，它惋惜地说："如果你的主人找到了你，他会非常高兴地把你捡起来，把你当成宝贵的财富，可我要寻找的是米粒，而不是你，对于我来说，你毫无用处，一文不值啊！世界上所有的珍珠，都不如一颗米粒对我有吸引力。"

这只鸡的选择是正确的，在这个世界上，并不是所有好的东西都是你需要的，而是你需要的才是好的。这更证明凡事都要慎重选择的重要性。

还有一则寓言，说的也是同样的道理：一只精明的猎狗在森林里寻找主人打下来的猎物，在偶然间看到了一袋黄金。它跑上前去嗅一嗅，懊丧地说："唉，我还以为找到了主人打下来的猎物呢！不过，我相信主人肯定会非常喜欢，说不定他一高兴就每天赏赐我几根骨头呢！"猎狗这样想着，叼起那个口袋跑到主人身边。

"你真是太伟大了！我要用其中的一块黄金给你配一身最好的行头！"主人抚摸着猎狗说。

猎狗连忙恳求道："不，如果你不介意的话，我想每顿享用几根骨头。"

笑逐颜开的主人爽快地答应了，猎狗从此每天都可以吃到骨头。

狗的选择也是正确的，如果它不叼那一袋黄金给主人，主人就不会那么夸奖它，狗的目的就是要每餐吃到几根骨头，这对狗来说，是一生最大的幸运，也是最大的幸福。

所以说，我们在做任何事时都不要冲动行事，要多想一想，慎重考虑。比如现在有许多人喜欢跳槽，但跳槽之前一定要三思。

今天下班还在这里打卡，明天上班已经去了隔壁的公司报到。“跳一跳，摘个桃”，或许职场中人都曾有过跳槽的冲动或经历，有的人幸运地拿到了橄榄枝，有的人却因为这一跳，摔得更狠。可能目前跳槽已经成为职场中获得更高的薪酬、更理想的工作环境、更大的发展空间的重要手段，但跳槽失败的案例也不胜枚举。因此，建议准备跳槽或有跳槽念头的朋友们，在跳槽之前要三思，不要冲动行事。

首先，不能为了逃避而跳槽。并不是每个人跳槽都是为了更高的工资、更好的待遇，有不少人觉得职场环境与心情也很重要，当这些得不到满足时，他们就会选择跳槽。

有一青年，从大专毕业后就在一家中等规模的物流公司工作，一干就是六年，虽然也有过跳槽的机会，但他始终没有想过要离开这里。因为他不喜欢变化，而且部门经理人很好，对待属下宽严相济，部门业绩也一直是公司里最好的。六年来，大家都过得很轻松也很充实。但是有一天，他却跳槽了，原因是换了经理，新任部门经理脾气很糟糕，基本上每天都有人会挨骂。平时只要经理在，大家就如履薄冰，但即使如此谨慎，还是难免挨骂。在这种环境里待着，人变得很压抑，心情很糟，最终大多数人选择跳槽，这位青年只是其中的一个。

从这个例子中可看出，这个青年在工作中感到很憋屈，因而选择跳槽。这种逃避型跳槽要从两方面考虑，有些时候确实是上司的性格问题，不得不走，但也有很多的时候是因为跳槽者不知道如何与他人沟通与交流。如果他们不能改变自己的处事方式，即使跳槽，也难有大的作为，因为在新的公司，你很有可能碰到更难相处的上司。

特别值得注意的是，现在职场上拿跳槽当家常便饭的大有人在，他们大多也属于此类型。他们在企业中经历往往比较浅，也没有什么特长和技能，但“这山望着那山高”。因为没有成绩，平时不被上司或老板重视，企业给的待遇自然也低，产生一种“怀才不遇”的感觉，就抱怨环境，到了新的单位，依然不满意，只好接着“跳”。如此恶性循环，这都是没有慎重选择的结果。

人生要慎重选择的事很多，不仅仅是工作上的跳槽，比如婚姻大事，比如交朋结友，都不能敷衍塞责，草草了事。就拿交朋友来说吧，一个人走上社会，人生的路宽了，社会交际的面广了，交朋结友多了。如何交友？交什么样的朋友？不是人生的小事，是关乎人生的大事，要慎之又慎。

爱因斯坦曾说过：“世间最美好的东西，莫过于有几个头脑和心地都很正直的严正的朋友”。确实，交上一个好朋友，就等于多了一个人生的好知己、好伙伴、好帮手。喜事来临可以同朋友分享，遇到烦恼压力可以和朋友分担，受到冤屈可以向朋友倾诉，遭遇坎坷困难的时候可以向朋友求助。交上一个坏朋友，就等于雪入墨池，虽融为水，其色愈污。交上一个坏朋友，身边多了一个宵小之徒，久而久之，美好的人生就葬送在这种“朋友”之手了。古人云“道义相砥，过失相规，畏友也；缓急相共，生死可抵，密友也；甘言如饴，游戏征逐，昵友也；利则相攘，患则相倾，贼友也”，说的就是这个道理。

所以说，交友需慎，不慎招祸。所以，身处纷繁复杂的社会当中，就得慎重交友，冷静交友，从善交友，健康交友。朋友是容易交的，保持友谊却很难，小事也能破坏友谊，因为人的心易变。环境和人在不断变化中，有些友谊能持续到“永远”，有些却不能。使朋友的友谊得到长久发展的基础是珍惜，使友谊茁壮成长的要素是诚信、朴实、慎重。

人生无须瞎折腾

这个世界上，有很多人正努力地生活着。但即使他们付出比别人多一倍的努力，也不一定会有心中所想的回报。这是为什么呢?

有一位专家通过研究，曾得到这样的结论——

不幸的人，再怎么努力也不会开花结果。

不幸的人即使努力，也备尝艰辛而痛苦。

不幸的人，有一天会对努力感到疲倦。

不幸的人，不久将被不幸的人生所折服。

缺乏运气的人，不幸就会变成理所当然。

缺乏运气的人，只会在不幸的框框里思考事物。

缺乏运气的人，会将不幸美化，变得越来越不幸。

不幸与缺乏运气就是这么一回事。别说是梦想了，这些人在不久之后，就连心愿都渐渐不再拥有。

这就是说，幸运不是从天而降的，如果你没有良好的心态，没有正确的方向，没有适合的方法，你就是再努力也可能是徒劳。

请看这个小寓言故事：老鼠钻到牛角尖里去了。它跑不出来，却还拼命往里钻。表面上看，这只老鼠是十分努力的，按理说它应得到好的回报。可结果呢——

牛角对它说：“朋友，请退出去，你越往里钻，路越狭窄了。”

老鼠生气地说：“哼！我是百折不回的英雄，只有前进，决不后退的！”

“可是你的路走错了啊！”

“谢谢你，”老鼠还是坚持自己的意见，“我一生从来就是钻洞过日子的，怎么会错呢？”

不久，这位“英雄”便活活闷死在牛角尖里了。

我们都知道南辕北辙的故事，而在实际生活中，我们也无时无刻不深刻地体会到方向的重要性——即使你跑得再快，哪怕百米成绩在 10 秒以内，但如果在比赛中跑错了方向，其结果如何，恐怕是谁都可以想象的。

其实不仅仅在生活中是这样，在人生的任何领域，如果你的方向或方式方法有错误，那么你的努力就未必会有回报。

贞观年间，长安城西的一家磨坊里，有一匹马和一头驴子。它们是好朋友，马在外面拉车，驴子在屋里拉磨。贞观三年，这匹马被玄奘大师选中，出发经西域前往印度取经。

17 年后，这匹马驮着佛经回到长安。它重到磨坊会见驴子朋友。老马谈起这次旅途的经历，那些神话般的境界，使驴子听了大为惊异。

驴子惊叹道:“你有多么丰富的见闻呀！那么遥远的道路，我连想都不敢想。”

老马说：“其实，我们跨过的距离是大体相等的，当我向西域前进的时候，你一步也没停止。不同的是，我和玄奘大师有一个遥远的目标，按照始终如一的方向前进，所以我们打开了一个广阔的世界。而你却被蒙住了眼睛，一生就围着磨盘打转，所以永远走不出这个狭隘的天地。”

相信，这个故事的道理直白得不用再作附加说明，它告诉人们一个没有正确方向的人，将永远生活在狭小的天地里，选择方向往往比选择努力更重要。

或许有人说：“做事的速度很重要，我们要有速度，才能有更多的效率。”但是，你们是否想过：如果方向错了呢，再快的速度只能适得其反。

有一个聪明上进的男孩，从小热爱电影。在他 22 岁那年，他立志要成为这世界上最优秀的编剧之一。那以后，他发奋坚持每天尽可能多地阅读、写作。大学毕业后，他换过好几个工作：网站编辑、报社记者……辛勤的工作换来逐步增多的薪水，和其他从学校毕业走上社会工作的青年一样。唯一不同的是，他一直没有忘记梦想，始终坚持文学创作，在少得可怜的工作之余可以自由支配的时间。

机会终于来临了，他的好几个故事被一家电影公司看中，他顺理成章地进了那家电影公司工作，他终于搭上了那艘通往梦想的船只。没有几年，在一次电影颁奖典礼上，他和一位著名导演一同站在了领奖台上。

还有一个同样聪明勤奋的男孩。他不愿意过平凡普通的日子，他向往成功、渴望财富。

他是个相当机灵的小伙子，从学校毕业后他先是给别人打工，凭着自己的勤奋和智慧在极短的时间内赢得了老板的信任和赏识，也掘到了人生中的第一桶金。

他是个不甘平庸的男孩，他还想再快速地积累财富，达成梦想，当然这原本没有错。

有一天，他在一个朋友的蛊惑下，在他那用第一桶金开的小酒吧里做起了违法的事情：卖违禁药品、开设赌局……他发现，钱原来可以来得这样容易。在金钱游戏里，他越陷越深，最后连自己也掉进去了。

终于有一天，他又一贫如洗了。经过几夜的辗转反思后，他决定重新去给别人打工，从此脚踏实地地走。是的，我们该祝福他，他又重新上路了。更多人连回头的机会都没有了。

像这样的故事，几乎每天都在我们身边发生。那么，你领悟到什么了呢？一个人不努力是不行的，天上不会无缘无故掉馅饼，幸运和成功都不可能从天而降，但是，你努力也要懂得怎样去努力，不是瞎折腾就能把自己做好，因为如果方向或方法有错，你再多的努力也可能不会有回报。

要懂得灵活和变通

宋代司马光砸缸的故事可谓是人尽皆知，然而人们更多的评价却是他的机智，却忽略他此时打破常规的思维方式。设想，倘若司马光陷入常规思想的枷锁，另一个孩子极有可能便已淹死，在此时似乎凭一己之力难以解决的当儿，唯有打破常规，才有可能化险为夷，扭转乾坤。

进化论的创始者达尔文也是一个具有创造精神的人，也正因为他不按“规矩”办事，才得以名垂千古。在当时教会占统治地位，人们深信上帝不疑之时，他却敢于从科学的角度阐述了自己独特的观点，终于成为生物界发展的主流。

曾有位客户要求别人让肚脐眼长在眼睛的上面，才答应买他的商品。面对这一要求，经理显得束手无策。此时，一位职员对经理说“做个倒立给他看看”。这看似不能做到的事，却被职员一个打破常规的思维给解决了。虽说思维有其规律可循，但打破常规进行思维，本身就是一条特殊的思维规律，是创新型人才不可缺少的特质。一旦学会了打破常规进行思维，你就会迎来一片崭新的天地。

世事变幻无常，没有人能够总是一帆风顺地过上一辈子，所以那些已经取得了成功的人的一个重大发现之一就是，他们发现在通往成功的路途，必须要能适时地灵活变通，从规矩中将自己解脱出来，否则通往成功的路途也会崎岖难行。

打破常规就是打开自己的思维枷锁，冲破自己的思维模式。当我们面临新情况新问题而需要开拓创新的时候，这种模式总会让我们做事的思维拘泥于条条框框，它就是一只“拦路虎”。

小李大学毕业后，到了一家公司从事产品推销工作，虽然推销和他所学的专业不对口，但他对推销工作热情很高，总是想方设法地用心去完成任务。到了年底，小李超额完成了任务，被公司评为“先进个人”。公司领导为了鼓励先进，破格将小李从推销员提升为科长。几位同学怎么也想不明白，大家一块进了这家公司，在同一条起跑线上，又从事同一种推销工作，为什么小李会有如此骄人的成绩呢？这其中有什么秘诀呢？

后来人们才发现，原来小李推销产品和别人的思维方式不一样，在别人看来小李的方法既愚笨又可笑，可小李不那么认为，他想，循规蹈矩的方法人们习以为常，收效甚微。他要用自己愚笨的方法去打动别人，事实证明小李的做法是成功的，最后好多商家和小李成了长期的合作伙伴。

那么小李到底是怎么做的呢？刚开始小李和大家的做法一样，整天拿一张价目表到处寻找商家，几乎都被好言谢绝了。他不甘心失败，在心里一直苦苦地思索一个问题，怎样才能打动商家，让他们接纳自己呢？后来，一个想法在他的脑海里出现了，他借了一辆人力三轮车，将自己所推销的产品装在车上，每到一个商家，不管三七二十一，他将自己的产品往里搬，商家感到莫名其妙，没有人订货呀！是不是送错地方了？可小李振振有词：这是我们公司生产的产品，我是做推销工作的，你是否需要我们的产品？有时候商家想拒绝他，可又不忍心看到他搬东西满头大汗的样子，于是，或多或少地要了一点他的产品，时间长了，这位商家认可了小李这个人，以后的供货商就他了。小李用同样的办法打动了众多的商家，他的产品销量直线上升，最后小李成了名副其实的供货商。

看似愚笨的方法，往往被人们所忽视，殊不知这里边包含了许多商机，小李就是一个成功的例子。如果说，他一直循规蹈矩，那么他也只会是一个平庸者，问题的关键是，小李打破了自己的思维枷锁，用另一种方法让别人接受了他，最终使他成功了。

现实生活中，人们之所以平庸或者失败，是因为人们被常规的思维枷锁所束缚，使自己裹足不前。

有一个修锁匠叫坎贝尔，他有一手绝活，能在短时间内打开无论多么复杂的锁，从未失手。他曾夸口说在 1 小时之内，可以从任何锁中挣脱出来，条件是让他带着特制的工具进去。

有一个小镇的居民，决定打击坎贝尔的气焰，有意让他难堪一回。他们特别打制了一个坚固的铁牢，配上一把看上去非常复杂的大锁，请坎贝尔来看看能否从这里出去。

坎贝尔想都没有想就接受了这个挑战。走进铁牢后，坎贝尔取出自己特制的工具，开始工作。半小时过去了，坎贝尔用耳朵紧贴着锁，专注地工作着；45分钟，一个小时过去了，坎贝尔没有像他先前所说的那样能从铁牢中挣脱出来，相反，他的头上开始冒汗，因为他从来没有如此狼狈过。两个小时过去了，坎贝尔依旧没有打开这把锁。他筋疲力尽地将身体依靠在门上坐下来，结果牢门却顺势而开。这是怎么回事？原来，小镇居民根本没有将这个牢门上锁，那把看似很厉害的锁也只是一个摆设而已。

小镇居民成功地捉弄了自负的坎贝尔。

坎贝尔为什么被小镇居民捉弄？就在于他只想到那把看上去非常复杂的锁。他固定的思维告诉他，只要是锁，就一定是锁上的。其实，门没有上锁，只是坎贝尔大脑上了锁。

看见猫懒洋洋地晒太阳，人们都毫不在意地走开了，有的甚至露出羡慕的神情，只有斐塞司博士受到了启发发明了日光疗法，从而获得了诺贝尔医学奖，享誉中外。同样，苹果落地很正常，砸到人更寻常，虽然苹果砸了无数的人，可是只是砸了牛顿才有了万有引力定律。

许多人常抱怨自己能力不够，干不了大事，是真的能力不够吗？同样是大学毕业的为什么有的人会有所成就？有的甚至只是小学毕业，却同样也可以获得不小的成功？据心理学家研究发现，人们所使用的能力只有我们所具备能力的2%到5%，之所以取得成功，最大的原因就在于，他们提倡打破常规的创造性思维，对他们来说这正是打开成功之门的一把金钥匙。

客观物质的内部联系

很多人在失败时，喜欢问自己：“这是怎么回事？是我的命不好？还是我比别人愚笨？”其实都不是。一个人确实要目标远大，但不能只有目标而不去实行，只想着收获而不去耕耘。那些空有大志，却不肯为之付出的人，只能是空想家，人生是需要一点一滴、一步一步来的，不是说一说这么简单的。

史书上记载，宋国有个农夫种着几亩地，他的地头上有一棵大树。一天，他在地里干活，忽然看见一只兔子箭一般地飞奔过来，猛地撞在那棵大树上，一下子把脖子折断了，蹬蹬腿就死了。这个农夫飞快地跑过去，把兔子捡起来，高兴地说：“这真是一点劲没费，白捡了个大便宜，回去可以美美地吃上一顿了。”他拎着兔子一边往家走，一边得意地想：“我的运气真好，没准明天还会有兔子跑来，我可不能放过这样的便宜。”第二天，他到地里，也不干活，只守着那棵大树，等着兔子撞过来。结果，等了一天什么也没等到。他却不甘心，从此，天天坐在那棵大树下等着兔子来撞死。他等呀等呀，直等到地里的野草长得比庄稼都高了，连个兔子影也没有再见到。

这就是妇孺皆知的“守株待兔”的故事，农夫的行为之所以会受到人们的嘲笑，相信许多人都明白其中的道理，可深入到我们的生活中，你又何尝不是那个农夫呢？偶尔的一次成功只是暂时的幸运而已，更多的是你要在平时的工作中付出实际行动。

记得有一篇哲理散文这样写道：沙滩上有无数的贝壳，也有无数捡贝壳的人。有人满载而归，也有人两手空空。满载而归的人，他追求的目标是实实在在的，他为贝壳而来，看见美丽的、可爱的、中意的，就会捡起来的纳为己有。而有些人寻觅许久却一无所得，是因为他们想找一颗“他心目中最美、最稀罕的贝壳”。对于一路上的一两颗非常美丽或者非常稀罕的贝壳，他们也曾想要拾起来，但却为了那个永无止境的“更美”而仍在不断地追求着。很明显，前者注重的是实际，后者注重的是人世间所没有的“完美”。

从这篇文章里我们不难悟出，一个人要成功首先要有一个目标，但前提是要有一个明确的目标，适合自己发展的目标，目标的选择关系着事业的成败。为一个不切实际的目标，付出与得到永远成不了正比。所以莎士比亚说：“最大的无聊就是为无聊而费尽辛劳。”

是啊，“镜中花月”是虚幻的，无论你怎么付出，终究会竹篮打水一场空。曾经有一个立志“屠龙”的人，学了一身的屠龙本事，可一直没找到要屠的“龙”，你说这本事有何用处？故此宋代黄庭坚的《林为之送笔戏赠》诗中写有：“早年学屠龙，适用固疏阔。”这个“疏阔”，说的就是不切实际。

历史上对于永动机的制造，也曾有不少的人耗尽毕生精力研究。达·芬奇也曾是狂热的追随者之一，然而一经实验他断然地说：“追求什么永动机，简直是件蠢事！”永动机根本不可能存在，岂有不失败的道理？

人生是短暂的，要从长处出发，要从实际出发，否则急于求成、贪大求全，最终只能以惨淡收场。人生的目标、理想要切合实际，爱情、事业要切合实际，做任何事情时同样要切合实际，不能好大喜功，贪大求全。下面这个猎豹的故事对我们很有启发。

某天，两只猎豹一起出去捕食，没多久就看见了一头羚羊，于是猎豹都追了上去，可是羚羊跑得很快，追了很久也没有追上。

就在这时，前面突然出现了一头野牛，其中一只猎豹决定放弃追羚羊，转而去追野牛，它说：“要是能够追上野牛，并咬死它的话，那可是够我们吃上一阵子的了。”

另一只猎豹摇摇头劝它说：“咱们追羚羊这么久了，羚羊也肯定跑累了。只要咱们再坚持一会儿，肯定能追上的。”

想追野牛的猎豹听不进，执意要去追。最后，追倒是追上了，可野牛发怒了，它根本斗不过野牛，只好垂头丧气地饿着肚子回来了。而那只追羚羊的猎豹很快就把羚羊追上，美美地吃了一顿。

追上羚羊的猎豹就对它说："我早就对你说了，宁可先吃羊，野牛再肥美，我们又能把它怎么样呢？"

表面看来羚羊是不如野牛，但两者与猎豹相比，无疑羚羊才是猎豹的能力所能及的。这个故事告诉我们，凡事要量力而行。人应该将自己的目标引导向那些符合自身能力的事情，对于不可能办到的事，就要放弃，如果再坚持，那就只能算是一种顽固不化了。

巴金在《家》中有句名言：不切实际的想法就像某些知识分子的精神手淫一样，只是感觉到了一时的快感。

怎样甩掉不切实际的想法呢？我们首先不要把目标定得太高，不会走路何以能跑？好高骛远只能是爬得越高，摔得越惨：其次，不要盲目乐观；最后就是不能光说不练，说了不等于已经实现了，对于计划重在如何落实，怎样去做。

万丈高楼平地起，务实地基为第一，参天大树搏风雨，扎实根基为第一，谷子低头笑茅草，丰盈子实为第一，有志之士建功业，充实自己为第一。人的一生不管做什么事，都得实实在在，切合实际。

凡事找借口推脱者，必定失败

大多数人在做一件事情不成功或者被批评的时候，总是会找种种借口告诉别人，因为他害怕承担错误，害怕被别人笑话，或者只是想得到暂时的轻松和自我解脱。

上班迟到了，可以说是因为堵车；工作干砸了，可以说是领导决策错误；客户不满意，可以说是对方过于苛刻；升不了职，可以说是领导偏心等。可以毫不夸张地说：借口就是一个掩饰弱点、推卸责任的“万能器”，有多少人把宝贵的时间和精力放在了如何寻找一个合适的借口上，而忘记了自己的职责和责任。更为可怕的是，借口常常还是一张敷衍别人、原谅自己的“挡箭牌”，容易扼杀人的创新精神，让人消极颓废。它更是一剂鸦片，让你一而再，再而三地去品尝它，逐渐地让你变得心虚、懒惰，遇到困难就退缩，最终丧失执行的能力。

尤其是在失败面前，许多人爱为自己找借口，说失败是因为别人扯了后腿，是因为没有人帮忙，是因为身体不适，甚至是因为时运不佳等，一堆的借口无非是想告诉别人：自己的失败是可以原谅的。所以有人说，成功的人永远在寻找方法，失败的人不停地寻找借口。

其实，为失败找借口是一种推卸责任的表现，是一种不重视自身发展的愚蠢的行为。俗话说：“人非圣贤，孰能无过？”一个人失败了并不可怕，可怕的是不能从失败里重新站起来，重新鼓起勇气，向成功冲刺。

我就经常遇到这样的人，明明自己努力不够，更多的是因为经验不足，结果高考落榜，做买卖赔本，办事情总是不圆满，造成不良影响后，不是从自己本身寻找原因，而是为自己找到各种借口，为自己的失败和挫折辩护，掩盖自己的失误和不足。

每逢遇到这种人，我自然心照不宣，其实不管他们寻找什么借口，我都明白失败不是那些借口可以掩饰的，但是聪明人会很好分地析那些失败的原因，从中找出事情固有的因果关系，找到失败的症结，失败使他们变得更聪明，更理性，更有思维的条理，从而为新的成功奠定了基础。我最佩服这样的人，他们办事情不是凭借一时的热情，而是脚踏实地，认真务实，思想和学习精神让他们能虚心求教，对那些失败和挫折能认真总结，从中寻找成功的经验和可能，这样的人，才会永远立于不败之地。

有些人，特别是近些年，不管是那些学子，那些商人，那些科研人员，还是那些生活在各条战线的工作人员，在整个社会压力下，都感受到失败和挫折的考验，我也经常可以听到那些悲观丧气的话，也为他们的失败和挫折感到深深的惋惜，对他们寻找的各种借口也听到很多，在这些失败者的眼里，似乎自己才是这个世上最值得可怜的人，但是由于那个瞎了眼的命运女神或者那位主宰宇宙的万能上帝无情的捉弄，才使他们与自己本应实现的梦想失之交臂。

其实人生就是这样，总会有这样和那样的不满意，失败，无疑是一件让人感到痛苦的事情，但是很多人不是理性地分析自己失败的原因，而是自以为聪明地发明了一种镇痛的良药——为失败找一个借口，借以遮羞掩丑，其实遮羞掩丑大可不必，谁能没有失败，笑话别人的失败，那原本就是一种不文明、不理智、也不很道德的事情。而鼓励别人从失败中寻找教训，从失利中找到继续前进的因素才是真正的为人之道。失败者也应该能很好认识自己，认识失败的原因，而不是用借口来推卸责任。

大概就是因为有人找到了用借口来推卸责任的方法，于是，失败者明白了推卸责任的借口很受用，就自我产生了一种解脱的愉悦，于是当那种失败的痛苦再次袭来时，这些人还会如此寻找借口闪身回避，而不是从中吸取教训。

哲人总是教导我们说；成功的道路上永远会挤满失败者，做事情，没有哪件事情很容易成功，但是最后成功的人，只有那寥寥可数的几个真正锲而不舍、善于总结失败教训的人，也就是说，那些最终的成功者，它们必然有一种共同的素质——正视失败，那些正视失败的人，就是不会惧怕展示自己失败中的缺点和行为的不足，把自己生命中的每一个“愚蠢行为”都暴露在光天化日之下，让别人来指点和纠正，即使是当命运之神举起皮鞭来抽打时，也敢于用自己的血肉之躯去承受，不要让我们蜷缩在借口的龟壳中，让借口成为我们那些缺点和不足的终身避难所，需要敢于真正刺刀见红，让自己能成熟地承受失败的教训，任何失败者都应该明白，承受痛苦就是为了避免新的痛苦，承认失败就是为了永远离开失败。

一个优秀的人从来不会给自己如何推托失败的借口，他们会努力地完成任务，会在事先做好计划，会在工作中坚定不移地朝着目标前进，全力以赴地排除困难，不言放弃。世界著名的管理学家格兰特纳说过这样一段话：“如果你有自己系鞋带的能力，你就有上天摘星星的机会！”不要为自己的错误辩护，再美妙的借口也于事无补！不如把寻找借口的时间和精力用到工作中来，仔细琢磨下一步该怎么做。反过来说，面对失败，如果将下一步的工作做好了，失败又可能成为成功之母，这样一来，失败的借口就不用找了。

何况，在这个世界上，辩证地讲从来没有绝对的失败，只要我们从跌倒的地方痛定思痛，勇往直前，成功就不远了。

《西游记》中遭受八十一难的玄奘，历经磨难，毕竟取得真经，哥伦布几经险境，几乎就要粮水断绝之下，还是寻找到美洲这块“新大陆”。由此可知，借口是懦夫的托词，因借口而放弃自己的理想，那种人永远是一事无成。

定律 12

把握每一个瞬间，珍惜每一次拥有

成功付诸于行动

人都是有理想的，理想的好处是能增加人对生活的热情，使我们在接受考验的时候，还能为了理想而勇敢地面对。然而，除非我们以理想为基础，然后付诸行动，否则，任何美好的理想都是难以实现的。

有个落魄的中年人每隔三两天就到教堂祈祷，而且他的祷告词几乎每次都相同。

“上帝啊，请念在我多年来敬畏您的份儿上，让我中一次彩票吧！阿门。”

几天后，他又垂头丧气地来到教堂，同样跪着祈祷：“上帝啊，为何不让我中彩票？我愿意更谦卑地来服侍你，求您让我中一次彩票吧！阿门。”

又过了几天，他再次出现在教堂，同样重复他的祈祷。如此周而复始，他不间断地祈求着。

终于有一次，他跪着说：“我的上帝，为何您不垂听我的祈求？让我中彩票吧！只要一次，让我解决所有困难，我愿终身奉献，专心侍奉您……”

就在这时，圣坛上空传来一阵宏伟庄严的声音：“我一直垂听你的祷告。可是，最起码，你老兄也该先去买一张彩票吧！”

故事听起来似乎有些可笑，可笑过之后却不得不令人反思，生活中渴望天上掉馅饼这种荒唐事的人并不少见。这些人沉湎于梦想之中，希望有一天梦想能变成现实。但事实上，这些人永远不会实现梦想，原因很简单，光想不做只能是空想，只有行动才能梦想成真。

另一个故事也告诉了我们行动的重要性。一个穷和尚和一个富和尚都住在一个偏远的地方。

有一天，穷和尚对富和尚说：“我想到南海去，您看怎么样？”

富和尚说：“你凭借什么去呢？”

穷和尚说：“一个小盆，一个饭钵就足够了。”

富和尚说：“我多年来就想租船沿长江南下，现在还没做到呢，你凭什么走？”

第二年，穷和尚从南海归来，把去南海的事告诉了富和尚，富和尚深感惭愧。

人生目标确定容易，实现难。但如果不去行动，那么连实现的可能也不会有。冥思苦想，谋划着自己如何有所成就，是不能代替身体力行去实践的，没有行动的人只是在做白日梦。

保持高昂的斗志

纵观古今，还没有听说过有哪一个懒惰成性的人取得过什么成功。只有那些在困难和挫折面前全力拼搏的人，才有可能达到成功的巅峰，才有可能走在时代的最前列。对于那些从来不愿接受新的挑战，不敢正视困难与挫折和不愿去从事艰辛繁重的工作的人来说，他们是永远不可能有太大成就的。

所以，我们应该严格要求自己，不要放任自己无所事事地打发时光；不要让惰性爬出来咬噬我们的斗志，我们要学会调节自己的情绪；不管是处于一种什么样的心境，都要迫使自己去努力工作。

一个人在工作上、生活上的惰性，最初的症状之一就是他的理想与抱负在不知不觉中日渐淡漠和萎缩。对于每一个渴望成功的人来说，养成时刻检查自己的抱负，并永远保持高昂的斗志是至关重要的。要知道，一切成功取决于我们的远大志向。一个人如果胸无大志，游戏人生，那就是非常危险的。更危险的是，一旦我们停止使用我们的肌肉和大脑的话，一些本来具备的生理优势和能力也会在日积月累之后开始生疏、退化，最终离我们而去。如果我们不能不断地给自己的抱负加油，如果不能通过反复的实践来强化自己的能力，不彻底铲除隐藏在心底的惰性，那么，成功就会变得离我们异常遥远。

在我们周围的人群中，由于没有克服惰性，最后理想破灭，丧失斗志的人多得数不胜数。尽管他们外表看来与常人无异，但实际上曾经一度在他们心中燃烧的热情之火已经渐渐地熄灭，取而代之的是无边无际的黑暗人生。

对于任何人来说，不管他现在的处境是多么恶劣，或者是先天条件多么糟糕，只要有耐心和毅力，只要他能够保持高昂的斗志，热情之火不灭，那么他就大有希望。但是，如果他任由惰性蔓延，变得颓废消极，心如死灰，那么，人生的锋芒和锐气也就消失殆尽了。在我们的生活中，最大的挑战就是如何克服自己心底的惰性，持久地保持高昂的斗志，让渴望成功的炽热火焰永远燃烧。

这是一个山区老人的故事，说的是有一次几头猪逃跑到山里去了。经过几代的繁衍，这些野猪变得越来越凶悍，经常下山来践踏庄稼，甚至威胁经过那里的人。几位经验丰富的猎人很想捕获它们，但这些野猪却狡猾得很，从不上当。

一天，一位老人赶着一条毛驴拖着的两轮车，走进野猪经常出没的村庄，车上装满了木料和谷物。老人告诉当地的居民说他要帮助他们捉野猪。他们都嘲笑他，因为没有人相信老人能做那些猎人做不到的事情。但是，两个月以后，老人从山上回到村庄，告诉居民，野猪已经被他关在山顶的围栏里了。

他向居民解释他是怎样捕捉它们的，他说："我做的第一件事，就是去找野猪经常出来吃东西的地方。然后我就在空地中间放上少许食物作为捕捉的诱饵。那些野猪起初吓了一跳，但最后还是好奇地跑过来，由老野猪带头开始在周围闻味道。老野猪尝了一口，其他野猪也跟着吃，这时我知道我能捕到它们了。第二天我又多加了一些食物，并在几尺远的地方竖起一块木板。那块木板像幽灵一样，暂时吓退了它们，但是白吃的午餐很有吸引力，所以不久之后，它们又回来吃了。当时野猪并不知道，它们将是我的了。此后我要做的只是每天多树立几块木板在食物周围，直到我的围栏完成为止。每次我加进一些木板，它们就会远离一阵子，但最后还是会来'白吃午餐'。围栏做好了，唯一进出的门也准备好了，而不劳而获的习惯使野猪毫无顾忌地走进围栏，这时我要做的只是拉动连接在门上的绳子，出其不意地把它们捕捉了。"

这个故事的寓意很简单：一只动物要靠人类供给食物时，它就会遇到麻烦。人也一样，如果你想使一个人残废，成为一个十足的失败者，只要在足够长的时间里给他提供"免费的午餐"，让他养成不劳而获的懒惰习惯就行了。

许多失败者就像这群懒惰的野猪一样，他们总想不劳而获，心甘情愿地去当"白吃"。他们时常故作轻松地说："这对我没有什么两样。"许多失败者都是这种调子。

还有一则笑话，反映了懒惰者的不光彩结局。

古时候有一个懒婆娘，洗衣、烧饭一样都不会，整天过着饭来张口，衣来伸手的生活。一天，丈夫要出去办事，他怕自己走后，懒婆娘自己不愿动手做饭会饿死，所以临走之前特地为他的婆娘做了一张烙饼，又担心懒婆娘太懒，连自己动手拿一下都不愿，所以就拿了根绳子串起那张烙饼，然后把烙饼挂在懒婆娘的脖子上，只要她张嘴就能咬到烙饼。

过了十多天，丈夫回到家时，推门进屋一看，懒婆娘已经饿死了。再看那张烙饼，嘴边附近的地方被咬了几口，其余的地方连动都没动一下。原来懒婆娘懒得连用手转动一下烙饼都不愿意，所以烙饼就在嘴边却活活被饿死了。

事实上，懒惰会造成畏缩，畏缩会导致进取心及自信心的丧失，一个人缺乏这些基本的能力，终其一生都会受命运的摆布与欺凌。

机会是留给有准备的人

我们发现成功人士之所以能够获得命运更多的垂青，之所以能在机会来临时牢牢地把握住命运，就是因为他们较之常人进行了更为漫长和充分的准备。他们就像一颗颗种子，在黑暗的泥土中蓄积营养和能量，一旦听到春风的呼唤就会破土而出，生长成挺拔俊秀的栋梁之材。

这就很好地解释了这样一些问题，即：为什么有的人总能得到比别人更多的机会？为什么面对同样的机会，有人成功了有人却失败了？为什么有些天资本来不好的人却能得到命运的垂青，而某些天资甚佳者却最终碌碌无为？为什么成功者总显得比别人更幸运？等等。

这些问题的回答可归结为一句话，那就是：机会只偏爱那些为了事业的成功做了最充分准备的人。换句话说，只有在“万事俱备”的情况下，东风才显得珍贵和富有价值。

从某种意义上讲，机会是被人创造出来的，是人的主观能动性和外界环境的变化客观必然性的结合。主观方面条件的增强会影响到客观环境的变化，使好的机会更容易产生。同样，当一定的客观机会已经出现后，那些不断在提高自身素质方面进行努力的人，则要较之常人更容易接近和抓住这些机会。

许多名人就是创造机会的高手，他们总是在努力，总是在奋斗，开始时他们只是在追寻机会，而一旦当他们自身的实力积累到一定的程度时，机会便会自动登门拜访。而且，随着他们自身才能的不断提高，知名度的不断增加，其所面临的发展机会也会相应地产生质和量的提高。可以说，没有他们的这些主观努力，就不会有这么多的良好机会。从这个角度上说，机会是为那些有准备的人创造的，是对其努力的一种肯定和回报。

美国国际钢铁公司的创始人威那15岁时就在美国布赖德电线公司当工人了。平日里，他非常注意学习与工作有关的各种知识和技能，做事积极主动。过了两年，他被提升为办事员。

一次，威那送一批产品到镀锡公司去镀锡。该公司经理巴尔斯报价后，威那认为价格偏高，要求适当调低。

巴尔斯是一个傲慢但很爱才的家伙，他认为像威那这样的小职员根本没资格跟他讨价还价。他轻蔑地问："你怎么知道价格不公平？你有什么根据？"

威那并没有因巴尔斯的傲慢与轻蔑而乱了阵脚，他如数家珍地把镀锡需要的材料多少、人工多少以及价格计算的全部过程一一道来，说得有根有据、滴水不漏。

巴尔斯惊得目瞪口呆。他万万没有想到一个小职员居然精通专业人士才懂的成本核算业务。惊讶之余，他产生了爱才之心，当即表示要高薪聘请威那。威那觉得自己的老板待他不薄，谢绝了巴尔斯的好意。六年后，威那的老板对生意厌倦了，放弃了公司，加上巴尔斯的一再邀请，威那才加入镀锡公司。在新公司，他被任命为厂长，工厂被他管理得井井有条。

再后来，威那自创"国际钢铁公司"，成为名扬天下的大老板。

通过威那得到巴尔斯赏识从而获得机会这一事例，我们可以看出威那属于强者。他抓住了机会，甚至创造了机会。试想，作为一个小职员的威那，若没有细心与恒心刻苦钻研那些看似与个人工作无关的业务知识，又怎能知道价格"不公平"，并清楚"不公平"在何处？

但威那就是这样，给了一个展现自己赢得大人物赏识的机会，这个机会又给他日后带来了更大的机会——被聘为厂长，在事业的台阶上有了一个大的飞跃。

机会属于那些已经做好准备的人，所以，从今天起，我们就应该做好准备，让自己保持在最佳状态，以便机会出现时可以紧紧抓住，不让它溜走。

人脉是资源，能力是本钱

多数人喜欢顺着命运的线索认可自己，这正是少数人得以成功的因素，其实机会对每一个人来说都是平等的，全看自己的人生态度。19 世纪伟大的批判现实主义作家巴尔扎克曾精辟地说道："机会来临的时候，像闪电一样短促，如果你在之前没有做好准备，根本来不及抓住它。"

谈到抓住机会，不少人总是强调及时。"及时"当然很重要，但除了"及时"之外，我们是否积蓄了足够的能力去抓住机会同样是非常重要的。打个比方说：机会是一条大鱼，在你脚下的河流中一闪而过，你在捕捉它时得掂量掂量自己手里的网是否足够大、足够结实。你若用一张不够结实的网去捕捉大鱼，保不准弄个"鱼走网破"的凄惨结局。

从捕鱼回到捕捉机会这个话题来。我们捕捉机会，是需要一定的能耐的。这些能耐的养成，是一个贯穿一生的长久工程。我们现有的能耐都是自己不断努力积累而成的。大富豪的钱是积累来的；大将军的战功是积累来的；大学者的学问是积累来的；大作家的著作是积累来的……因此，"积累"是由小而大，由少到多的必然过程，这一点是无可怀疑的。因此，如果能好好运用"积累法"，经过一段时日后，必能有意想不到的成果。

有一个朋友很善于利用这个方法，他在读大一时就开始背英文字典，一天背 5 个英文单词，到大四时，虽然还没将整本背完，但他记得的单词却比我们多好几倍。如果以抽烟为例，你更可以了解"积累法"力量的可怕，一个人抽烟抽了 10 年，平均一天一包，你算算看，这 10 年来他抽了多少支烟？这也是"积累"来的。

从这几个例子，我们可以了解“积累法”的基本精神。

——不求快。因为“求快”就会给自己造成压力，欲速则不达。

——不求多。因为“求多”也会让自己无力承担，丧失积累的勇气，反而不如一点一滴地慢慢积累好。

——不中断。因为一旦中断，就会影响积累的效果和意志，功亏一篑。

一般来说，要抓住机会积累下列资源。

首先是金钱。金钱是生活的根本，人发财的机会一生之中只有那么几回，平常还是要一分一厘地赚，一分一厘地存，因此面对漫长的未来，你还是应该好好积累你的金钱，能积累 1000 元就积累 1000 元，能积累1万元就积累 1 万元，以免碰到赚大钱的机会时苦于无本钱的尴尬。“大富由天，小富由俭”这句话是不会错的。另外，做生意也应有这样的观念，不因嫌钱少就不赚，积少成多胜过一无所有。

其次是工作经验。人世间的天才不多，绝大多数人都要边做边学边积累经验。有了经验，进可自行创业，退可谋得一职。经验越是丰富，身价就越高。不过你还得注意一点：可以“跳槽”却不要轻易换行，因为就专业经验来说，换行也是积累的“中断”。

最后是交朋友。朋友是做事的关键因素之一，朋友越多的人做事越方便，也越可能成就大事。但朋友关系的建立不是一朝一夕就能得来的，因为从认识、了解到合作，必须有一段时间，因此不必急，也不能急，慢慢积累你就会有丰富的人际关系。

你也可以积累小信用为大信用，积累小胜利为大胜利……总而言之，凡是对你有利有益的人、事、物，你都可以用“积累法”使之成为你的资产。

一个人积累的资产越多，他的能耐就越大，抓住机会的本钱也越多。最为奇妙的是：当你积累到一定的资产后，许多机会会自动找上门来。这就像一个有本事的人坐在家里也有项目找上门来的道理一样，而你所要做的，就是从众多的机会中，挑一个你最有把握捕捉的。成功看上去就这么简单，不过做起来却细小繁杂。

不放过任何一个稍纵即逝的机会

随波逐流的落叶只有听天由命，它们对结果是无可奈何的，它的前途完全由风向与流水来决定。然而，人却不应该这样，每个人都可以自己决定自己的前途，不必老待在静止不动的死水里。你可以向流水中央游去，乘着急流，去寻找更大的、更新的机会，你所需要的，就是用自己的力量向着急流游去。

美国的百货业巨子约翰·甘布士的经验之谈极其简单："不放弃任何一个哪怕只有万分之一可能的机会。"

有不少聪明人对此是不屑一顾的，其理由往往是幼稚可笑的。

"希望是微小的机会，实现的可能性不大。"

"如果去追求那万分之一的机会，倒不如买一张奖券碰碰运气。"

"根据以往的经验，只有傻瓜才会相信万分之一的机会。"

但约翰·甘布士的看法却不同。

那时，但维尔地区经济萧条，不少工厂和商店纷纷倒闭，被迫贱价抛售自己堆积如山的百货，甚至价格低到 1 美元可以买到 100 双袜子。

当时，约翰·甘布士还是一家织造厂的小技师。他马上把自己积蓄的钱用于收购低价货物，人们见到他的这股傻劲，都公然嘲笑他是个蠢材。

约翰·甘布士对别人的嘲笑漠然置之，依旧收购各工厂竞相抛售的货物，并租了一个很大的货仓来存货。

他的妻子劝他说，不要把这些钱用来购买别人廉价抛售的货物，因为他们历年积蓄下来的钱数量有限，而且是准备用作子女教养费用的。如果此举血本无归，那么后果便不堪设想。

对于妻子忧心忡忡的劝告，甘布士听过后笑着安慰她道：“三个月以后，我们就可以靠这些廉价货物发大财了。”

甘布士的话似乎兑现不了。

过了 10 多天以后，那些工厂贱价抛售也找不到买主了，便把所有的存货用车运走烧掉，以此稳定市场上的物价。

太太看到别人已经在焚烧货物，更是焦急万分，她抱怨甘布士。对于妻子的抱怨，甘布士一言不发。

终于，美国政府采取了紧急行动，稳定了但维尔地区的物价，并且大力支持那里的厂商复兴。

这时，但维尔地区因焚烧的货物过多，有些货开始欠缺，物价一天天飞涨。约翰·甘布士瞅准时机把自己库存的大量货物抛售出去，一来赚了一大笔钱，二来使市场物价得以稳定，不致暴涨不断。

在他决定抛售货物时，他的妻子又劝他暂时不忙把货物全部出售，因为物价还在一天天飞涨。

他平静地说：“是抛售的时候了，再拖延一段时间就会后悔莫及。”

果然，甘布士的库存刚刚售完，物价便跌了下来。他的妻子对他的远见钦佩不已。

甘布士就是用这笔赚来的钱，开设了五家百货商店，业务十分发达。

后来，甘布士已是一个举足轻重的商业巨子了，他在一封给青年人的公开信中诚恳地说：

“亲爱的朋友，我认为你们应该重视那万分之一的机会，因为它能给你带来意想不到的成功。有人说，这种做法是傻子行径，比买奖券的希望还渺茫。这种观点是有失偏颇的，因为开奖者是由别人主持，丝毫不会通过你的主观努力；但这种万分之一的机会，却完全是靠你自己的主观努力去完成。”

不过同时人们也得注意，要想把握住这万分之一的机会，必须具备下列条件：

1. 目光长远。鼠目寸光是不行的，不能看见一片树叶，就认为自己已经看见了整片森林。

2. 锲而不舍。没有持之以恒的毅力和百折不挠的信心是无济于事的。历史上从来没有一个人的成功是一帆风顺的。没有巨大的心理承受能力，就不要去做生意，否则一旦赔个底朝天，就只有自杀的份了，绝不会想到东山再起。

假如这两个条件都具备了，那么你就有可能成为百万富翁，不过，仍要你去付诸行动。

要在商业活动中有所作为，仅靠一味地盲目蛮干是收效甚微的。看准时机并把握它，将它变成现实的财富，才是成功人士的明智选择。

定律 17

世事无常，不必纠结

换一种心情是一种风度

有人为口袋里没有“银子”而纠结；有人为在社会上没有“位子”而纠结；还有人为没房子和车子而纠结……。其实，人生的快乐与痛苦和财富、地位、物质无关。那么，究竟是什么让你纠结呢？让我们找到纠结的根源，规避烦恼，活得开心一点。

很多人总是不高兴的时候多，开心的时候少。钱不够花的时候，觉得有钱后就会快乐，可是，当钱多了的时候，烦恼也并没有少；当困难挡在我们面前的时候，觉得生活要是没有了困难，那是最幸福的事，可是，当自己的面前是一马平川的大道时，新的烦恼又来了……内心的纠结似乎紧贴着我们的生活，那么，究竟是什么影响了我们的心情呢？

有一个富翁虽然家财万贯，但总是快乐的时候少，不快乐的时候多。他想，自己富甲天下，一定能给自己买到快乐。所以背着许多金银，到远处寻求快乐。

一天，他走在一条山道上，背上的金银压得他劳累不堪，痛苦万分。这时，他遇到一个樵夫，于是富翁就上前问：“我是个富翁，虽然有钱，可为什么总是痛苦多快乐少？你看，道路又窄，身上背的东西又多，今天就很不开心啊！”

樵夫放下柴担，舒心地揩着汗水说：“快乐很难得到吗？放下就是快乐呀！”

富翁听了，觉得自己背上的金银实在是太重了，于是就将金银放了下来。当富翁直起腰来了，发现路边的美景也尽收眼底，人一下子觉得自己轻松多了，心里舒坦极了。

富翁顿悟：是因为老怕别人抢，总怕被人陷害，所以整日忧心忡忡，纠结不已。

于是，他将珠宝、钱财接济穷人，专做善事，慈悲为怀，这样不仅滋润了他的心灵，更让快乐充满了他的生活。

可见，纠结是因为不知道放下。

人生在世，不如意事常八九，遇到了常常想不开放不下，将挫折、痛苦、哀伤，恐惧、忧虑藏在心里压在心头。有的更是一味痴迷偏执，越陷越深，不能自拔，钻进了精神的死胡同。放不下，就是自己和自己过不去，往往使人纠结。所以，当你为生活的种种烦恼感到困惑、受到压力时，请深深吸一口清新的空气，放下你心中的所思所想，没有负担，海阔天空，你将会变得轻松愉快。

一天，有一个美丽的少妇投河自尽，被路人救起。

路人问："你年轻轻，为什么要寻短见？"

"我结婚才三年，丈夫在外面找了小三，就遗弃了我，接着孩子又在车祸中死了。您说我活着还有什么盼头？"

路人听了，对少妇说："三年前，你是怎样过日子的？"

少妇说："那时我虽然一无所有，但人无忧无虑呀……"

"那时你有丈夫和孩子吗？"路人问。

"没有。"少妇回答。

"那你有什么可伤心的呢？只不过是回到两年前去。现在你又自由自在无忧无虑了。你还是回去吧……"路人说。

少妇一下子明白过来："是呀，现在不就是两年前的自己吗？"

于是，少妇便安心地走了。从此，她再也没有不开心。

可见，纠结是因为不会换一种想法。

毋庸置疑，生活中很多错误、失败甚至是灾难，往往让人烦躁不堪，犹如一个个魔鬼，致使人失去正常的心智，从而给我们的人生带来烦恼。那么，有没有转换心境、快乐自己的配方呢？告诉你，有，那就是换个念头，你就会改变心情。有位哲人曾说："人生的很多烦恼，是随着我们思维方式的不同而产生的。"所以，尝试换种想法，你的人生就会少去很多烦恼。

天使大发慈悲，想用自己的神通给遇见自己的人带来快乐。

这天，他遇见一个牧童。牧童的样子非常不开心，他向天使诉说：“我的牛丢了，父母会责骂他的。”于是天使给牧童找到了牛。最后，牧童高高兴兴地牵着牛走了。

又有一天，他遇见一个女子。女子非常沮丧，她向天使诉说：“我的钱都被人偷光了，没有回家的路费。”于是天使送给她路费。最后，女子开开心心地回家了。

这天，他遇见一个作家。天使问他：“你不快乐吗？我能帮你吗？”作家对天使说：“我不快乐，你能够给我吗？”天使回答说：“可以！你要什么我都可以给你。”

可是，天使犯了难，因为作家年轻、帅气、有才华而且富有，他的妻子非常年轻貌美，作家什么也不缺。

但天使想了想，说：“我明白了。”于是，天使拿走作家的才华，毁去作家的容貌，夺去作家的财产，杀死了作家的妻子，天使做完这些事后，就一声不响地离去了。

10 天后，天使再回到作家的身边，天使看见作家衣衫褴褛地躺在地上挣扎，已经饿得奄奄一息了。于是，天使把作家的一切还给他。

半个月后，天使又去看作家，问作家：“现在，你快乐了吗？”

这时，诗人正搂着妻子，笑着回答：“我很快乐，很快乐，谢谢天使。”

可见，纠结是因为忽略了所拥有的。

人往往会认为，明天就会得到快乐，可是，当自己任何时候环顾四周的时候，总会觉得快乐依旧没有来。其实，快乐就在当下，就在你手中的每一天，甚至每一刻。很多时候，我们身处快乐之中却意识不到，还满怀期待地到处寻找。直到某一天，才惊讶地发现，原本拥有的快乐就在自己的眼前，只是自己从来没有珍惜过罢了。

不懂得放下，不懂得珍惜当下，不知道转变看法……这些都是纠结的根源。当我们不开心时，不要归罪于贫穷，也不要归罪卑微，更不要归罪生活的种种遭遇，心态和行为方式才是我们不快乐的根源。要想获得快乐，要不断修正自己的心态和行为，这样，不论你是贫穷还是富有，都没有什么能让你纠结。

让心灵充盈而绽放

人的心在感悟人生时有两种形式：一种是向现实的物质世界看，尽可能地为自己博得更多的物质享受；另一种是向内心看，尽可能地感知自己内心的需要、聆听自己内心世界的声音。而我们之所以纠结，是因为我们的眼睛关注外在世界太多，关注心灵世界的却太少！

有一个富甲天下的商人，过着锦衣玉食、无忧无虑的日子，他可谓是拥有了一切该拥有的，但他仍然不快乐。他很希望自己能获得快乐，于是发出告示，扬言谁能帮他找到快乐，就赏给这个人黄金万两。一天，来了一个神医，他告诉商人："必须让人在全国找到一个最快乐的人，然后穿上这个人的鞋子，您就可以获得快乐了。"于是商人就派家丁们分头去找，后来终于找到了一个快乐无比的人，但是家丁们向商人汇报说："那个快乐无比的人穿不了鞋子。"商人说："为什么呢？"家丁们说："那个特别快乐的人是个没有脚的人，所以他根本就没有鞋子。"

这个故事正是诠释了这样一个道理：真正的快乐和生活境遇的好坏没有直接的关系，而是来自于心灵深处，只有心灵快乐起来，生活才会没有太多的纠结。

不纠结的生活是由心态决定的。财主有衣有食、有书读，农民可能很羡慕，觉得财主衣来伸手、饭来张口的生活才是幸福的。可财主不这么想，他觉得如果能将全世界的财富独揽于怀中他才幸福。反过来说，一个农民坐在没有屋顶的房子里吃着粗茶淡饭，财主可能觉得他挺可怜，可农民不这么认为，他觉得能在自己的家里，吃上自己贤惠的妻子做的饭，这不也是一种幸福吗？正是因为他们彼此不同的境遇和生活造就了他们不同的心态。

心理学家研究发现，纠结的根源，不是金钱，不是名利，也不是权力，这些浮世繁华结合而生的“贪”与“欲”才是纠结的元凶；而不纠结的快乐生活是由宽容、健康、感恩、希望、豁达等心灵力量组成。

我们每天奔走于熙熙攘攘的人群，穿梭于喧嚣繁乱的尘世，强打着精神去应付那无穷无尽的工作琐事、情感烦恼，我们的心渐渐变得麻木了。我们往往无暇顾及心灵的草场，时间久了它也会一片荒芜，杂草丛生。

拥有宁静的心灵世界是美好生活必不可少的要素，我们每个人内心深处都需要一处避风港湾。当我们在人生路上感觉疲惫的时候，不妨暂时将生活的琐事和工作的压力抛于脑后，静静聆听心灵的声音，与自己交谈。

如果一个人的生活、工作总是安排得太满，没有留出足够的给心灵做瑜伽的时间，很容易陷入迷茫和烦躁中。有时就像掉入一个泥潭，怎么也拔不出双腿。其实，给疲惫的心灵放假，适时调适心情，就犹如一根希望的绳子，能在我们最无助的时候把我们拉出情绪的泥潭。

有一位考学者，为了寻找古印度文明的遗迹。他从当地的部落里找了一些土著人背行李，一行人朝着丛林的深处进发。头两天土著人不知疲倦、竭尽所能地赶路。但是到了第三天，土著人停下来不走了。

学者很困惑，找来部落首领问道：“为什么要走两天歇一天呢？”年迈的部落首领平静地说：“走两天歇一天，是在等我们的灵魂，因为我们的肉体走得太快，而灵魂是跟不上我们肉体的脚步的。”

是呀，人哪能没有灵魂呢！走时，体现了生命的存在；而停，则是在享受人生乐趣！人不应该只在匆匆赶路，应适时给心灵放个假。我们一定要留下空闲和自己相处，因为它会给我们枯燥的生活增添美丽的色彩，给了我们浮躁的心灵一份真挚的沉淀，也给了我们忙碌的心灵一次反省的机会。更重要的是，让我们学会了和自己相处，和自己相伴，让心灵持久充盈地轻盈翱翔！

嫉妒是心灵的牢狱

有嫉妒心的人，自己没有能力做事，便尽量低估他人的能力，希望别人也和自己一样，或者用怀疑别人、诬蔑别人的办法，来诋毁别人所拥有的能力或取得的成就。于是，因嫉妒而产生的种种痛苦便表现出来：或消极沉沦，萎靡不振；或咬牙切齿，恼羞成怒；或铤而走险，害人毁己……嫉妒来了，纠结来了，痛苦也来了。

其实，一个人发现自己不如别人时，不是去努力提高自己，而是贬低别人，这种行为便是嫉妒，嫉妒其实就是用别人的优点来贬低自己，嫉妒就是心灵的牢狱。德国有一句谚语：“好嫉妒的人会因为邻居的身体发福而越发焦虑。”

嫉妒来了，痛苦也来了。喜欢嫉妒的人，别人年轻貌美他嫉妒，别人有房有车他嫉妒，别人才华出众他嫉妒，别人工资高他嫉妒，别人的孩子聪明能干他嫉妒，别人的妻子漂亮他嫉妒，别人出国留学了他嫉妒……于是，这样的人总是活在愤愤不平当中，人生的快乐又从何谈起？

这是一个在东南亚一带流传的关于嫉妒的寓言：

一个人偶遇上帝，于是就祈求上帝满足他的一些愿望。

上帝说：我可以满足你任何的一个愿望，但前提是，你的邻家都会得到双份。这个人高兴不已。但是，这个人有很强的嫉妒心，他想道：如果我得到一群牛羊我邻居就会得到两群牛羊了；如果我要一箱金子，那邻居就会得到两箱金子了；更要命就是如果我要一个美女，那么邻居们就会得到两个绝色美女……他想来想去，不知道提出什么要求才好，感到自己怎么做都不合适，因为邻居都会比他得到的多。他实在不甘心让邻居比他更占便宜。最后他一狠心："上帝呀，你砍去我一条腿吧，这样，我才会安心。"

一个人失去了一条腿真的会安心吗？我们看未必——心残加上身残，他会因为嫉妒那些身体健全的人而多了一份痛苦。这个人本来是有更好的选择，可是因为嫉妒，让他失去了可以获得的快乐生活。这个人为什么不让上帝去掉他的嫉妒心呢？

我们总是习惯于嫉妒别人，却不懂得欣赏自己。每个人都有自己存在的价值，如果你嫉妒别人的生活比你快乐，那是因为你没有看到过他们生活的另一面。也许，在你嫉妒别人的时候，别人也在嫉妒你呢。不盲目嫉妒别人，与他人做无谓的比较，好好数数上苍给你的东西，你会更加珍惜自己所拥有的一切。

卡耐基在《人性的弱点》中说道："嫉妒就是这样的一把小刀，藏在心中，会刺痛自己；藏在外面，会刺伤别人。"我们一旦发现自己有妒忌的心理，马上要做出明智的决定，克服它，而克服妒忌心理最重要的方法则是先树立起自己的自信心。只要有信心你就可以从自己以往的过失中振作奋起，并学会了宽恕自己。

放弃妒忌这种可怕的心理吧，你也就远离了让你纠结的生活。

迈克尔·乔丹是享誉世界的篮球明星，而他所在的芝加哥公牛队也是篮球史上最伟大的球队之一。乔丹除了拥有过人的球技，其心胸也是许多人无法比拟的。

公牛队的新秀中只有皮蓬有希望超越乔丹，但乔丹没有因此而嫉妒这位最危险的对手，并且时常给他赞扬、鼓励。

在一次训练中，乔丹问皮蓬："投 3 分球谁厉害？"

皮蓬想也不想就说："你！"

"不，是你！"乔丹十分肯定。

当时有关部门统计过，乔丹投 3 分球的成功率比皮蓬略胜一筹，但乔丹却对媒体解释道："皮蓬投 3 分球很有天赋，他动作规范且自然是无人能比的，而我在这方面还有很多弱点，以后他一定会胜过我。"

乔丹告诉皮蓬，自己扣篮常用的是右手，有时用左手也只是自然地帮一下，而皮蓬左右手都可能，有时用左手还要好一些。这是连皮蓬自己都没有注意到的细节。正是乔丹博大的胸襟，使全体队员树立起了信心并增强了凝聚力，于是公牛队取得了一场又一场的胜利。

法国作家巴尔扎克说："嫉妒者受的痛苦比任何人遭受的痛苦都大，他自己的不幸和别人的幸福都使他痛苦万分。"所以，我们必须告别嫉妒，偶尔心中有一丝嫉妒的火苗，我们都要及时将其扑灭，绝不让嫉妒这一星星之火点燃，进而毁灭我们的灵魂。只有告别嫉妒，才能重塑一个更完美、更幸福快乐的自我。

在生活中，有很多人想追求完美，事事都想超越别人，样样都想比别人好，如果他愿意静下心来想想，有这可能有这个必要么。花有千种，人有千样。每个人都各有所长。所以我们要学会全面正确地认识自己，既要看到自己的优点，又要学正确看待与他人的差距，取长补短。在社会这个大舞台上，每个人都有适合自己扮演的角色，我们要找准自己的定位，并按自己的方向一步一个脚印地去付诸行动，这样才会有不纠结的生活。

清净的心

有时候我不禁这样纠结着：为什么我们会这么紧张？为什么要把自己逼迫得这么厉害？能不能不紧张呢？今天的生活太紧张，疯狂地赚钱、工作，结果得不偿失，紧张的生活，已经让人不堪重负。所得到的物质财富并不能弥补失去的精神财富。何不停下你匆忙的脚步，静下心来，听听你内心的声音呢？

在生活中，我们常为凡尘俗事而纠结。生活中的侵扰太多，心就没有办法安宁，更找不到安心的所在。很多人之所以烦躁不堪，就是因为内心难以宁静，因此很多人想找一片静谧的空间来抚慰自己那颗烦躁的心。但有人感觉到，世界太嘈杂了，很难找到这样一方净土。其实，一个人内心的清净，无须依靠外物，只要把心当作是人生安宁的本源，那么，他的人生就无处不得宁静。

有一位妇人，每天都从家里的花园里采摘一些鲜花送到附近的寺院里供奉佛祖，以此表示对佛的虔诚。

一天，当她正送花到佛殿时，恰巧遇到住持，住持非常欣喜地说道："你每天都这么虔诚地用香花供佛，来世一定会得到佛祖的庇佑，洪福无边。"

妇人听了非常高兴，答道："用香花供佛是应该的，因为我每天来寺庙礼佛时，自觉心灵就像洗涤过一样，感觉清凉无比，可是回到家中，心就不像在庙里那么安宁了。我想知道，如何在喧嚣的尘世中保持一颗清净的心呢？"

住持反问道："你喜欢鲜花，那你一定知道怎样养护花草，那现在你告诉我，你怎么保持花朵的新鲜呢？"

妇人答道："保持花朵新鲜的方法很简单，只要每天换水，并且在换水时剪去一截花梗。只要保证花梗的一端在水里不腐烂，就能吸收水分，就不容易凋谢！”

住持道：“你知道如何保鲜鲜花，就知道怎样保持一颗清净的心，因为两者的道理是一样。我们周围的环境像瓶里的水，人则是水中花，只有不停净化自己的身心，变化我们的思想，经常自我反省和自我检讨并不断改进陋习和缺点，才能不断吸收到自然给予我们的营养。”

妇人听后感激地说：“谢谢大师的开示，希望以后能经常亲近您，享受一段寺院中禅者的生活，体验晨钟暮鼓、菩提梵唱的宁静。”

住持道：“施主何必要等到以后呢？就现在吧，也不必一定非要在寺院中体验宁静，其实你的身体就是庙宇，呼吸就是菩提梵唱，脉搏就是晨钟暮鼓，菩提在心中，无处不宁静。”

是啊，只要心无杂念，再嘈杂、奢华、繁忙的热闹场也可成为体验内心宁静的道场，只要你能抛开杂念，宁静的地方不一定只有寺院，哪里不可宁静呢？倘若妄念不除，即使佛祖就在身旁，你也一样无法修行。其实，生命的苦恼，原因不在苦恼本身，而是因为有一个不能保持宁静的心。因此要解脱烦恼不纠结，就要先抛开杂念，回归本真

有一个渔夫，他每天早上出海打鱼，每次只要一会儿，一家人的生活就可以解决了。他一天的大部分时间用来和人下棋、聊天、带孩子在院子里玩耍。日子过得无忧无虑、自由自在。

有一天，他在集市上遇到一个商人建议他说：“市场上的鱼很好卖，你要是每天多花点时间去打鱼，不是可以卖到更多的钱吗？”

渔夫问：“然后呢？”

商人说：“有了钱，你可以多买些船，然后请人给你打鱼。赚更多的钱。”

渔夫问：“再然后呢？”

商人道：“拥有更多的资金，你可以开间海鲜加工厂，就成就了一番事业。”

渔夫问：“实现这个目标要多长时间呢？”

商人说：“最多要十几年吧。”

渔夫说：“实现这个目标后我又能做什么？”

商人想了想说：“实现这个目标后，你就可以回渔村，整天和你的那些老朋友在一起聊聊天、下下棋，你还能和你的老婆孩子一起过着快乐的生活。”

渔夫想了想说：“那还是不要折腾了吧，我现在不就过着这样的生活吗……”

老子说：“致虚极，守静笃。”是啊，我们为何不像渔夫那样静下心来，细细地品味生活。只要用心感悟生活，平凡也不再单调，平淡中体味真实。生活就像一杯茶，只有细细品味，才能感受到浓郁的清香和淡雅的甘甜。范仲淹在《岳阳楼记》中写道：不以物喜，不以己悲。这就是道家所讲究的无为心态，其实也是一种获得快乐的最佳心态。无论外界如何变化莫测，自我又有什么样的喜悲起伏，只要保持一种宁静、豁达、淡然的心态，你会发现，不纠结的生活原来是那么的快乐。

活出真实自我

五光十色的视觉感受，会让人眼花缭乱产生错觉，杂乱的靡靡之音听多了，听力会变得迟钝。丰美的饮食，使人味觉迟钝。纵情围猎，使人内心疯狂；珍稀的器物，使人行为失常。因此，有道的人只求安饱而不追逐声色之娱，所以摒弃物欲的诱惑而吸收有利于身心自由的东西。

如果一个人过分追求感官刺激，则会伤其身、乱其心。一个人一旦被欲望缠上了身，他就难以得到安宁，时刻仿佛有大患在身，无论得宠还是受辱，在心理上都时时会处于惊恐之中。这往往就是很多人纠结的根源。

人生历世，多一物多一“纠”，少一物少一“结”，不要为外物所拘，心安理得处，就可明心见性。

有个商人娶了四个老婆：第一个老婆伶俐可爱，像影子一样陪在他身边；第二个老婆是他抢来的，美丽而让人羡慕；第三个老婆，为他打理日常琐事，不让他为生活操心；第四个老婆，整天都在忙，但他不知道她忙什么。

商人要出远门，因旅途辛苦，他问哪一个老婆愿意陪伴自己。

第一个老婆说：“我不陪你，你自己去吧！”

第二个老婆说：“是你把我抢来的，我也不去！”

第三个老婆说：“我无法忍受风餐露宿之苦，我最多送你到城郊！”

第四个老婆说：“无论你到了哪里我都会跟着你，因为你是我的主人。”

商人听了四个老婆的话颇有感叹：“关键时刻还是第四个老婆好！”于是他就带着第四个老婆开始了他的长途跋涉。

其实，这里所说的这四个老婆就是我们自己！

第一个老婆指的是肉体，人死后肉体要与自己分开的；

第二个老婆是指金钱，许多人为了金钱辛劳一辈子，死后却分文不带，无非是水中捞月；

第三个老婆是指自己的妻子，生前相依为命，死后还是要分开；

第四个老婆是指个人的天性，你可以不在乎它，但它会永远在乎你，无论你是贫还是富，它永远不会背叛你。

如果有一个地方，能让我们心安，能让我们抛却浮躁，那不正是我们理想的栖息地吗？我们又何必刻意地去寻找呢？一片生机盎然的花圃，一座巍峨葱茏的大山，一场密密匝匝的雪花，一本泛着墨香的书卷，都可以成为我们自由的栖息地，都可以容纳我们放逐的心灵和漂泊的意志。

要想自由的栖居，耐得住寂寞，必须放得下繁华。如果心恋浮华，不舍喧嚣，是不会得到心灵的安顿的。这就好比一个人，终日汲汲于富贵，切切于名禄，桎梏于外物，他又怎么可能出离尘世而追寻幽独？又好比是一匹马，如果被拴上了车套，他只有一味地卖力奔驰，哪还会有机会停下来思考自己的生命呢？

要有自己自由的栖息地，就不要受拘于外物。因为外物总是短暂而容易腐朽的，只有生命的灵魂才是永恒。我们又怎能让短暂的腐朽来妨害对于永恒的生命的思索呢？

穷人和富翁在湖边晒太阳。富翁问穷人："你为什么不去租条船，搞海运呢？"

穷人问："然后呢？"

"然后就可以做大买卖赚很多钱。"

"再然后呢？"

"你就可以买条船，创立自己的商队。"

"接着呢？"

"接着你就发财了，成了和我一样的富翁。"

"成为富翁又如何呢？"

"可以悠闲地在湖边晒太阳"

“我现在不正在悠闲地晒太阳吗？”穷人最后说道。

不拘于物是一门哲学，需要有大智慧，需要懂得放下。智慧会让我们生活得快乐充实；放下会让我们生活得轻松无羁。不要顾忌舍弃而拒绝简单的生活，那样的话，你将不堪重负，顾虑重重，心力交瘁，六神无主……

有的人对生命有太多的苛求，弄得自己生活在筋疲力尽之中，从没体味过幸福和欣慰的滋味，生命也因此局促匆忙，忧虑和恐惧时常伴随，一辈子实在是糟糕至极。须知月圆月亏皆有定数，岂是人力所能改变的？不如放下，给生命一份从容，给自己一片坦然。你要知道，错过了太阳，不是还有浩渺的繁星在等待吗？

人生一世，是不可能一帆风顺的。只有不拘外物，才会另有收获。人生一切痛苦的根源，就是对于外物的追求和执着。超越外物，就是超越自我。无物也就是无我，自己的心境也就不会随着外物的变化迁移而波动。正所谓“是进亦忧，退亦忧”，不假于物，才能造就真实的自我。

定律 14

学会选择，懂得取舍

每一个选择，都是一种命运

人生旅途中的一步步跨越，就是一连串选择的结果。无数的选择积累在一起时，就构成了一个人的命运。这样看来，每个人都是自己命运的编剧、导演和主角，我们有权力把自己的人生之戏编排得波澜壮阔、华彩四溢，也有责任把自己的人生之戏导演得扣人心弦，更有义务把自己的人生之戏演绎得与人不同、卓尔不凡。我们拥有这伟大的权力——选择的权力。

用选择来开始我们的每一天，这样我们才能过个明明白白而非昏昏沉沉的一天。诚如毕·亨利所说的："上帝并没有问我们要不要来到人世间，我们只能接受而无从选择。我们唯一可以做的选择是：决定如何活着。"

每个人都拥有潜力可以追求更高的成功，都有能力在自我发展及自我成就上突飞猛进，而认识选择并做出正确的选择，就是这一切的起点。

不论人们明不明白，如果我们自己觉得只能庸庸碌碌、随波逐流，这都是选择的结果：选择接受要来的事、选择让它发生、选择为安定而牺牲理想、选择让别人为自己来打算、选择仅仅日复一日地活着……

通常，我们脑海中都有个错误的印象，认为人生是笼罩在一团巨大的必须之下：人必须念书、必须工作、必须诚实、必须整洁、必须守法、必须成功、必须做许多其他的事等等。事实上，没有任何人必须去做任何事；而是你自己选择"要"而且最好是"一定要"做你想做的事。

巴斯特纳克说得好："人乃为活而生，非为生而生。"

我们拥有比我们想象更多的选择，关键在于：要知道每一天我们都在做出抉择。

人们常常会找出一堆借口来解释自己为何放弃选择的权力，譬如：钱不够、没有时间、情况不对、运气很差、天气不好、太疲倦、情绪不佳等。

许多人像动物般地被环境制约着而不自知，这就仿佛一个人被关在某处，口袋里虽有钥匙，却不会用钥匙开门，因为他不知道口袋里放着钥匙。

上天赋予人类除了跟动植物一样的生命和适应环境以求生存的本能外，还多给了人类一把万能的钥匙：运用智慧来选择行动的自由。只有人类可以无中生有、创造发明、主宰万物而号称为万物之灵。

古代先哲老子也教我们重视做人的权利，他强调："道大，天大，地大，人亦大，域中有四大，而人居其一焉。"

可以这么认为，万物之灵的"灵"及天赋人权的"权"，都是指人类有别于其他生物的这种可以自由选择的莫大潜能。

由此可见，我们并不是依靠时、势、机、缘、命、运而活，而是依靠抉择而活。如同潜能大师安东尼·罗宾所说："人生注定于你做出决定的那一刻。"

人生中发生了什么事情，通常并不是成功与否的关键，你选择怎么看、你选择怎么想、你选择怎么做才是最重要的。

小莉和许多20岁的男孩女孩一样，对自己未来的方向十分疑虑。小莉是个来自农村的花季少女，白天在某公司打工，老板和同事们都对她不错，但她得为自己的生涯抉择：她想上大学。但以目前状况来说，她得利用白天上补习班，可是老板表明了"少不了她这么一个人"，不希望她辞职，而她也舍不得这份薪水，所以她陷入了"非常巨大的痛苦"之中。

你也许会觉得好笑，听起来没有"非常巨大的痛苦"啊。和我的反应一样。你会觉得，她总要做选择，一切都是可以解决的。你若是成年人，必然会想象像我一样告诉她：尊重你的人生决定，任何公司少了谁，都像地球一样，不会停止运转。但我们都不是真正的当事人，所以才可以说得如此轻松。

我们常因为那些在别人看来"实在没什么大不了的事"而陷入非常巨大的痛苦中，这么个小小的选择与决定常使我们肝肠寸断。

陷入混乱和痛苦无法避免，然而，一个对命运的乐观者，会比悲观的人早一点做出决定，并能早点跳出混乱的旋涡。

这究竟是谁的人生？当自己多方考虑觉得各有利弊而无法选择时，当周围的人众说纷纭而左右自己的决定时，你应该先做一下深呼吸，问自己这个问题，然后，拨云见日，未来的路就在脚下，正在和自己打招呼。不妨这样去思考：我做过许许多多没人看好的选择，只因为这是我的人生，我觉得这样对我比较好。

“该怎么办？问问你自己吧，你想怎么样呢？”对于身陷困惑的人来说，我们唯一有用的帮助，是请他们为自己找出适用的答案。连自己意愿都搞不清楚的人，别人的任何帮忙，其实只是在帮他制造混乱。

就如同很多人关心自己能否长命百岁，却从未问过自己：这是谁的人生？万一活到了 100 岁，那时才问自己：“天哪！我在为谁而活？”

“走自己的路，听自己的就对了，可万一走错了怎么办？”建议每一个人在选择自己认为对的那条路时，不要不信任自己。但还是有人会根据直觉回答道：“听自己内心的声音，也就是只要我喜欢，这当然没什么不可以，但如果是杀人放火怎么办？”

“你会去杀人放火吗？”

“当然不会。”他又直接地回答。

“那你还担心些什么？”这让人实在不理解，为什么这些人的自信心那么低，总会推理到一放任自己，就会无恶不作。

相信真正杀人放火的人，从没有清醒地问过自己：我这样做究竟是为了谁的人生？

如果那是你要的人生，凡走过的，就不会是冤枉路。永远无法回答或面对这个问题的人，就仿佛是水母，在无意识的一张一缩之间，过完了自己碌碌无为的一生。

走一条适合自己的路

凡是来到弗里吉亚城的朱庇特神庙的外地人，都会被引导去看戈迪阿斯王的牛车。人们都交口称赞戈迪阿斯王把牛轭系在车辕上的技巧。

“只有很了不起的人才能打出这样的结。”其中有人这样说。

“你说得很对，但是能解开这结的人更加了不起。”庙里的神使说。

“为什么呢？”

“因为戈迪阿斯不过是弗里吉亚这样一个小国的国王，但是能解开这个结的人，将把全世界变成自己的国家。”神使回答。

此后，每年都有很多人来看戈迪阿斯打的结子。各个国家的王子和政客都想打开这个结，可总是连绳头都找不到，他们根本就不知从何着手。戈迪阿斯王死了几百年之后，人们只记得他是打那个奇妙结子的人，只记得他的车还停在朱庇特的神庙里，牛轭还是系在车辕的一头。

有一位年轻国王亚历山大，从隔海遥远的马其顿来到弗里吉亚。他征服了整个希腊，他曾率领不多的精兵渡海到达亚洲，并且打败了波斯国王。

“那个奇妙的戈迪阿斯结在什么地方？”他问。

于是他们领他到朱庇特神庙，那牛车、牛轭和车辕都还原封不动地保留着原样。

亚历山大仔细察看这个结。他对身边的人说：“过去许多人打不开这个结，都是陷入了一个窠臼，都认为只有找到绳头才能将结打开，我不相信，我不能打开这个结。我也找不到绳头，可是那有什么关系？”说着，他举起剑来一砍，把绳子砍成了许多节，牛轭就落到地上了。

亚历山大说：“这样砍断戈迪阿斯打的所有结子，有什么不对？”

接着，他率领他那人马不多的军队去征服亚洲。

没有人能够因仿效他人而获得成功。成功是必须经过创造完成的。一个人一旦丧失自我，他就会失败。

在现代社会，要参加激烈的竞争，最忌讳跟在别人的屁股后面随大流，虽然这样看上去比较保险，不会损失你的一分一毫，但是，人走我随，亦步亦趋，将永无成功之日。只有让自己变得与众不同，你才能够离开别人走熟的途径，闯入一个新的境界。

决定开始走的路

常常有人诉苦：我已经很努力地做了，但是幸运之神总是不眷顾我，所以我不得不生活在平庸之中。

是的，也许你真的足够努力了。但你也应该想一想，为什么幸运之神总是不青睐你？是否是你选择努力的方向错了？

南辕北辙的故事相信大家都知道，一开始就选择了一个错误的方向，越努力则会离目标越远——除非你能绕地球走一圈——可能吗？

古人说：“失之毫厘，谬以千里。”所以，开始的路一定要选对。

我们许多人都很努力，或曾经努力过，可是为什么大多数人都只能过很平淡的生活呢？为什么直到今天，我们很多人依然两手空空？很简单，一开始的选择出现了偏差。

有一个非常勤奋的青年，很想在各个方面都比身边的人强。经过多年的努力，他仍然没有长进，很是苦恼，于是向智者请教。

智者叫来正在砍柴的 3 个弟子，嘱咐说：“你们带这位施主到五里山，打一担他自已认为最满意的柴火。”

年轻人和 3 个弟子沿着门前湍急的江水，直奔五里山。

等到他们返回时，智者正在原地迎接他们。年轻人满头大汗地扛着两捆柴，蹒跚而来；两个弟子一前一后，前面的弟子用扁担左右各担 4 捆柴，后面的弟子轻松地跟着。

正在这时，从江面飞来一个木筏，载着小弟子和八捆柴火，停在了智者的面前。

年轻人和两个先到的弟子，你看看我，我看看你，沉默不语，智者见状问道："怎么啦，你们对自己的表现不满意？"

"大师，让我们再砍一次吧。"那个年轻人请求说，"我一开始就砍了 6 捆，扛到半路就扛不动了，扔了两捆；又走了一会儿，还是压得喘不过气儿，于是又扔掉两捆，最后，我就把这两捆柴扛回来了。可是，大师，我已经努力了。"

"我们和他恰恰相反，"那个大弟子说，"刚开始，我俩各砍两捆，将 4 捆柴一前一后挂在扁担上，跟着这位施主走。我和师弟轮换担柴，不但不觉得累，反倒觉得轻松了许多。最后，又把施主丢弃的柴挑了回来。"

用木筏的小弟子抢过话，说："我的个子矮，力气小，别说两捆，就是一捆，那么远的路也挑不回来，所以，我选择走水路……"

智者用赞赏的目光看着弟子们，微微颔首，然后走到年轻人面前，拍着他的肩膀，语重心长地说："一个人要走自己的路，本身没有错，让别人说，也没有错，关键是走的路是否正确。年轻人，你要永远记住：选择比努力更重要。"

现在的社会竞争越来越激烈，当然，很多的年轻人都是意气风发地进入到某一个行业里，想干出一番事业来，可是他们很多人都忽略了一点：他们很看好的行业或者公司，是否适合自己的发展呢？他们往往只知道去努力地为自己的理想而奋斗，但却没有发现他们的所作所为其实已经令他们离自己的理想越来越远了，就像上面的故事中所说的那样，年轻人非常拼命地去完成师傅交代的任务，可是结果却不尽如人意。而大徒弟和二徒弟却用了一个很好的方法来完成，最终他们的结果比那位年轻人好得多，而且也省力得多。而小徒弟更厉害，他知道自己的体力根本不适合做那样的工作，于是他选择了一个很好的工具去完成，当然，他的成果比其他人都要好。

我们每个人的生活圈子是个小世界。在我们生活的小圈子里，你总会发现，为什么有些人不管大事小事，他们总是比较容易获得成功。他们能挣到更多的钱，过着高品质的生活，有健康的身体和良好的人际关系；而更多的人虽然整天忙忙碌碌，却只能勉强维持生计。他们的差别究竟在哪里呢？

不是智力上的差别，虽然人在智力上是有差别的，但是差别很小，智力超常和智力低下都占极少数，不到 3%。不是学历上的差别，学历只是对书本知识的一种认可，与成功没有直接关系。情况往往是，书本知识学得越好的人，越喜欢给别人打工。学校的老师和教授们，不可能教给你当老板的方法，也不可能教你做百万富翁。如果他们能教你做百万富翁，那么他们自己早就是百万富翁、千万富翁了。就像一个打工的人，永远也没有资格去教一个百万富翁应该如何去挣钱，因为他没有这种经历和经验。

在你的人生中，因为没有做出正确的选择，你可能已经错失过不少获得成功的机会。如果你可以洞悉未来，你愿意付出什么代价？如果你能够预见未来，你又能否把握机会？有什么商品你应该买却没有买？有什么机会你应该把握而又错失？你一生中又能遇到多少机会呢？这个时代可能是你最后的机会，你要格外留神。

每 10 年就会有一些配合时代的伟大商机出现。20 世纪 80 年代下海，90 年代炒股票，最近几年的房地产，在过去的年代里能把握住机会的那部分人至少已成为百万富翁。在未来几年中，也一定会出现这样的机会，你一定要留心你的选择。

做自己喜欢的事

面对大大小小的选择,你最先考虑的是什么？是自己的未来？还是朋友的看法？

事实上，不管你做出何种选择，可以肯定的是，如果你太在意别人的看法，那么，不论你选择哪一个方向，到最后总还是会有人觉得你做错了决定。

既然如此，何不就根据自己的需求和价值观，做个让自己一生都无悔的决定。

如果世上真有什么对的决定，我想，那都是相对的，也就是说，这个决定的“对”，是相对于自己的主观和人生的需求。

李开复博士在《做最好的自己》一书中，谈到一个女才子对于人生成功的感悟历程，现引用如下：

曾经在微软亚洲研究院工作的潘锦辉是一个典型的女才子。在清华大学电子系读书时，她就天资过人，同时又兼具诚恳、谦逊等品德。在微软亚洲研究院实习时，潘锦辉用她灵活而敏锐的思维方式以及锲而不舍的钻研精神赢得了许多专家的一致好评。后来，潘锦辉又以优异的成绩考入斯坦福大学深造，并有机会在许多国际知名的大企业中工作。

在常人眼里，潘锦辉女士旅途可谓一帆风顺，但潘锦辉自己却不这么想。她常常问自己：成功究竟是什么？难道学业和事业上的一帆风顺就是最大的成功吗？难道许多人梦寐以求的名和利就是最大的成功吗？如果成功只有一种定义，那么，自己多年来拥有过的许多美好的憧憬和设计又该如何实现呢？

有一天，一位学长无意间问潘锦辉：“你到底对做什么感兴趣呢？”这句话一下子点醒了潘锦辉，令她在一瞬间明白了许多：成功之路有许多条，成功的定义也有许多种，只要在理想的指引下，真正做了自己想做的事情，真正实现了自己的人生价值，就是一种成功，就应该为此感到自豪和快乐。

从此，潘锦辉积极投入到了乐观、充实的人生当中。

做自己想做的事，做最好的自己，就是人生的一种成功。这种对成功的解读，对于站在选择的十字路口迷惘的人来说，的确是一剂醒脑药。

在做选择时非常重要的一点就是不要追随潮流，而要坚持自己内心的感觉，要凭自己内心的喜好来确定自己究竟该选择些什么。因为往往自己的喜好才能成为自己的擅长，也才能做好它。

有一位外国小伙子乌姆贝托，像许多大学毕业生一样，茫然地迎接了大学毕业典礼。他完全不能肯定自己究竟想干什么。他担任了一所小学的社会工作者。由于他喜欢与人打交道，因此他对这个工作还算满意。在这之前，他作为家里的独子，处处受到呵护，接触面很狭窄，而这个工作却使他接触到了前所未知的众多生活层面，增长了阅历。但是，几年后，他对社会工作感到厌倦了。他认为自己有兴趣和才干，也有独创性和精力，应该把这些优势用在更有成就感的事业上。因此，他想找一个对他来说正确的职业。妻子也鼓励他立即辞掉工作，但他不愿意让她独自承担每月数目不小的生活开支。因此，他决定等确定真正兴趣后再更换工作，免得跳来跳去。后来，他终于明白自己最乐意做的其实就是款待客人。

他辞掉工作，成为一家快餐连锁店的职员。他的工资比原来掉下来一半还要多，但他的家庭已做好了节衣缩食以渡过暂时难关的打算。此后的 18 个月是乌姆贝托一生中最艰苦，然而却又最愉快的日子。他进步很快，终于成了连锁店中最大的一家零售店的经理。获得经营餐饮业的经验后，他决定创办自己的事业，办起了一家有 20 名职工的“宫殿”餐厅。几年后，“宫殿”成为当地一家颇有名气的餐厅。

理性的敬畏之心

早年在美国的阿拉斯加，有一对年轻人结婚了，婚后不久，他的太太因难产而死，留下一个孩子。年轻人忙于生活，又忙于工作，因没有人帮忙看孩子，就训练一只狗，那狗聪明听话，能照顾小孩，还能咬着奶瓶喂奶给孩子喝，抚养孩子。

有一天，主人出远门去了，叫狗照顾孩子。他到了别的乡村，因遇大雪，当日不能回来，第二天才赶回家。狗立即闻声出来迎接主人。他把房门打开一看，到处是血，抬头一望，床上也是血，孩子不见了，狗却在身边，满口都是血。主人看见这种情形，以为狗兽性发作，把孩子吃掉了，大怒之下，拿起刀向着狗头一劈，把狗杀死了。

杀死狗之后，主人忽然听到孩子的声音。顺着哭声找去，终于在床下找到了孩子。抱起孩子，发现孩子身上有血，但并未受伤。他很奇怪，不知究竟是怎么一回事，再细看躺在血泊中的狗，腿上的肉没有了，而床下有一只断了气的狼，嘴里还衔着狗的腿肉。狗救了小主人，却被主人误杀了，这真是天下最令人痛心的误会。

误会，往往是在人们不了解情况，缺乏理智，缺少耐心，不假思考，未能多方体谅对方、反省自己，感情极为冲动的情况下发生的。误会一开始，人们常常习惯指责对方千错万错，这样误会就越陷越深，最后弄到不可收拾的地步。人对无知的动物小狗发生误会，尚会有如此可怕严重的后果，而人与人之间的误会，其后果则更是不可想象的。

一个屠夫经常误会他人，遭人嫌弃，于是他请求神赐给他一双看清真相的慧眼。

神告诉屠夫说："你如果遇到疑难的事情，且不要急于处理，随便行动，可先前行七步，然后再退后七步。这样，进退三次，那慧眼便来了。"这个人听了将信将疑。

夜里屠夫回到家里，朦胧中看到妻子和别人同睡在一张床上。他怀疑妻子对自己不忠，一时气愤，他便拔出刀来准备行凶，忽然一转念："且慢，白天学来的慧眼为什么不试试看呢？"

于是前进七步，后退七步，这样进退了三次，然后挑亮灯光看时，妻子身旁的老母亲醒了，翻身坐起。屠夫这才看得明白，便低头叹息道："这真是可贵的慧眼啊！"

凡事应慎思而后定，这是做人做事的至大智慧。心理学认为，人们发脾气，吵嘴打架，意气用事，往往是感情冲破理智的大门造成的，因此，凡事都该三思而后行。